Final Cut Pro X

影视包装剪辑完全自学教程

精鹰传媒 / 编著

人民邮电出版社

北京

图书在版编目（CIP）数据

Final Cut Pro X影视包装剪辑完全自学教程 / 精鹰传媒编著. -- 北京 ：人民邮电出版社，2017.2（2020.4 重印）
ISBN 978-7-115-43393-0

Ⅰ．①F… Ⅱ．①精… Ⅲ．①视频编辑软件－教材
Ⅳ．①TN94

中国版本图书馆CIP数据核字(2016)第273584号

内 容 提 要

本书全面系统地介绍了 Final Cut Pro X 剪辑软件的各项功能与各种使用技巧。全书共 10 章，穿插了 104 个丰富的小实例来充分解析 Final Cut Pro X 每个重要设置的实际用途，使读者能够更有效地掌握软件的各种使用技法，轻松高效地完成影视项目的剪辑工作。本书的讲解以影视剪辑的流程为线索，从前期的采集与导入，到素材和项目的管理，再到项目的具体编辑和校色，以及动画编辑与合成处理，最后进行项目的输出，让读者能流畅地阅读，并快速准确地找到所需要的章节内容，提高学习效率。

随书赠送全部案例的工程文件、47 个案例效果图以及 44 集教学视频，方便读者边学习、边练习。

本书适合数字影视行业的从业者阅读，以及相关专业的学生和爱好者学习使用。同时，也可作为各大院校相关专业的教学参考用书。

◆ 编　　著　精鹰传媒
　　责任编辑　张丹阳
　　责任印制　陈　犇
◆ 人民邮电出版社出版发行　　北京市丰台区成寿寺路 11 号
　　邮编　100164　　电子邮件　315@ptpress.com.cn
　　网址　http://www.ptpress.com.cn
　　北京虎彩文化传播有限公司印刷
◆ 开本：787×1092　1/16
　　印张：13.75
　　字数：387 千字　　　　　　　　2017 年 2 月第 1 版
　　印数：9 801－10 800 册　　　　2020 年 4 月北京第 9 次印刷
定价：79.00 元
读者服务热线：**(010)81055410**　印装质量热线：**(010)81055316**
反盗版热线：**(010)81055315**
广告经营许可证：京东工商广登字 20170147 号

近年来，影视行业竞争激烈，网络视频如雨后春笋般纷纷涌现，微电影强势来袭夺人眼球，多元化影视产品纷沓而来，伴随而来的是影视包装的迅速崛起。精湛的影视特效技术走下电影神坛，被广泛应用于影视包装领域，让电视、网络视频和微电影的视觉呈现更为精致多元，影视特效日益成为影视包装不可或缺的元素。丰富的观影经验让观众对视觉效果的要求越来越高，逼真的场景、震撼人心的视觉冲击、流畅的动画……人们对电视和网络视频的要求已经提升到了一个新的高度，而每一个更高层次的要求都是对影视包装从业人员的新挑战。

中国影视包装行业迅速发展，专业化人才需求巨大，越来越多的人加入到影视包装制作的行列。但他们在实践过程中难免会遇到一些困惑，如理论如何应用于实践，各种已经掌握的技术如何随心所欲地使用，艺术设计与软件技术怎样融会贯通，各种制作软件怎样灵活配合……

鉴于此，精鹰传媒精心策划并编写了系统性、针对性强，亲和性好的系列图书——"精鹰课堂"和"精鹰手册"。这套教材汇聚了精鹰传媒股份有限公司多年的创作成果，可以说是精鹰传媒股份有限公司多年来的实践精华和心血所在。在精鹰传媒走过第一个十年之际，我们回顾过去，感慨良多。作为影视行业发展进程的参与者与见证者，我们一直希望能为中国影视包装行业的长足发展做点什么。因此，我们希望通过出版"精鹰课堂"和"精鹰手册"系列丛书，帮读者熟悉各类CG软件的使用，以精鹰传媒多年的优秀作品为案例参考，从制作技巧的探索到项目的完整流程，深入地向CG爱好者清晰呈现影视前期和后期制作的技术解析与经验分享，帮助影视制作设计师解开心中的困惑，让他们在技术钻研、技艺提升的道路上走得更坚定、更踏实。

解决人才紧缺问题，培养高技能岗位人才是影视包装行业持续发展的关键，精鹰传媒提供的经验分享也许微不足道，但这何尝不是一种尝试——让更多感兴趣的年轻人走近影视特效制作，为更多正遭遇技艺突破瓶颈的设计师们解疑释惑，与业内同行一同探讨进步……精鹰传媒股份有限公司一直把培养影视人才视为使命，我们努力尝试，期盼中国的影视行业迎来更加美好的明天。

广东精鹰传媒股份有限公司

2016年10月

前言

随着CG行业和中国影视产业的不断改革升级，影视产业的专业化已得到纵深发展。从电影特效到游戏动画，再到电视传媒，对专业化人才的需求越来越大，对CG领域的专业化人才也就有了更高的要求。而现实中，很大一部分进入这个行业的设计师，因为缺乏完整而系统的学习，导致理论与实践相距甚远，各种已掌握的技术不能随心所欲地使用，或者不能很好地将艺术设计与软件技术汇通融合，导致很多设计师的潜力得不到充分发挥。

精鹰传媒作为一家以影视制作为主营优势的传媒公司，曾在电视包装行业多次创造奇迹，其背后离不开各种特效技术的支撑。自2012年起，精鹰传媒开始筹划编写系统性、针对性强，亲和性好的系列图书教材"精鹰课堂"和"精鹰手册"，汇聚公司多年来的创作成果，以真实案例为参考，希望能为影视制作同行提升技艺提供帮助。

在精鹰系列教材的编写中，我们立足于呈现完整的实战操作流程，搭建系统清晰的教学体系，包括技术的研发、理论和制作的融合、项目完整流程的介绍和创作思路的完整分析等内容。编写本套教程的目的是为了让影视后期设计师们能快速、有效、全面地掌握Final Cut Pro X软件的使用，且通过对本书的学习，能高效地完成各种大小型、不同复杂程度的项目的剪辑与合成。本书全面系统地介绍了Final Cut Pro X剪辑软件的各项功能与各种使用技巧，并穿插了丰富的小实例来更充分地解析Final Cut Pro X的每个重要设置的实际用途，使读者能够更有效地掌握软件的各种使用技法，轻松高效地完成影视项目的剪辑工作。

本书的介绍以影视剪辑的流程为线索，从前期的采集与导入到素材和项目的管理，再到项目的具体编辑和校色，以及动画编辑与合成处理，最后进行项目的输出。让读者能流畅地阅读，并能快速准确地找到所需要的章节内容。

本书得以顺利出版，要感谢精鹰传媒股份有限公司的总裁阿虎对"精鹰课堂"的大力支持，还要感谢苏效禹、李嘉慧、黄金增、吴慧芳等同事和朋友，共同配合完成了本书的创作。

本书提供资源下载，可扫描"资源下载"二维码获得下载方法。书中难免会有一些纰漏和不足之处，在此也恳请读者批评指正。同时，精鹰公司的网站（www.jychina.com）上开设了本书的图书专版，我们会对读者提出的有关阅读学习问题提供帮助与支持。

资源下载

自成立以来，精鹰传媒的目标就是成为一家引领行业发展的传媒产业集团，我们会坚持一直为客户做"对"的事，提供"好"的服务，协助客户建立品牌永久价值，使之成为行业的佼佼者。这就是我们矢志不渝的使命。

莫立 苏效禹

JOIN 精鹰课堂

第 3 章　造梦空间——初级剪辑

3.1　连接、插入、追加和覆盖

3.2　项目工具菜单

3.3　文件属性及运动参数　　3.4　使用关键帧改变运动参数制作动画　　3.5　修剪片段开始点和结束点

3.6 速度控制

3.7 使用试演

3.8 使用次级故事情节

3.9 使用复合片段

4.1　工具的高级应用

4.2　三点编辑

4.3　替换片段

4.4　添加和编辑静止图像

4.6　多机位片段的处理

4.5　速度的高级应用

4.7　编辑中常用的便捷方式

5.1　添加视频滤镜

5.2　为滤镜设置关键帧动画

5.3　滤镜的使用

5.4　添加视频转场

5.5　使用视频转场

第 6 章　融会贯通——抠像与合成

6.1.1　色彩抠像

6.1.2　亮度抠像

6.2.1　简单合成

6.2.2　关键帧动画的合成

6.2.3　混合模式及发生器的使用

6.2.4　多层图形文件的使用

第 7 章　锦上添花——色彩

7.1　调色的基础知识

7.2　示波器

7.3　自动平衡颜色与自动匹配颜色

7.4　一级调色

7.5　二级调色

7.6　利用形状遮罩添加暗角

第 8 章　入木三分——字幕

8.1.1　唱词字幕

8.1.2　特效字幕

8.1.3　FCPX 与 Motion 的协同工作

8.2.1　巧用占位符

8.2.2　使用时间码

第 9 章　有声胜无声——音频

9.1.1　认识音频
指示器

9.1.2　手动调整电平

9.1.3　音频片段间的交叉叠化

9.2 修剪音频片段

9.3 控制声相及通道

9.4 音频效果的使用（一）

9.4 音频效果的使用（二）

9.4 音频效果的使用（三）

内容结构

　　本书提供学习资料下载，扫描"资源下载"二维码即可获得文件下载方式。内容包括本书所有案例的工程文件和效果图文件，以及视频教学文件，读者可以一边看视频教学，一边学习书中的制作分解思路，同时还可以使用工程文件进行同步练习。

　　"工程文件"中包括书中所有案例的过程源文件，内容结构如右图所示。

9章工程源文件

　　"案例效果图文件"中包括书中所有案例的最终效果图，内容结构如右图所示。

47个案例最终效果文件

　　"视频教学文件"中包括书中所有对应章节中实例的视频讲解，内容结构如右图所示。

44个视频教学文件

使用建议

　　本书所有使用的软件为Final Cut Pro X。

　　如果大家在阅读或使用过程中遇到任何与本书相关的技术问题或者需要什么帮助，请发邮件至szys@ptpress.com.cn，我们会尽力为大家解答。

目录

第 1 章

群英聚会——
纵览Final Cut Pro

1.1　Final Cut ProX概述

2011年，苹果公司发布新版本剪辑软件Final Cut Pro 10.0，也称为Final Cut Pro X。

虽然之前每个版本也有很多更新，但为什么将之前的版本都称为旧版呢？因为之前的版本，在操作方式、出片流程、界面布局等方面与其他剪辑软件大同小异，而FCPX是真正具有"苹果风格"的剪辑软件。

1.2　Final Cut Pro的发展史

1999 年，苹果公司推出第一套售价美金$999元的非线性剪辑软件Final Cut Pro。旧版FCP是从夹缝中崛起的，在当时，剪辑软件被Avid、Adobe、Autodesk等大牌公司牢牢占据。留给苹果的市场空间，只有无力负担高昂剪辑系统费用的小型电视制作商及学生。然而，FCP以其优异的图像处理能力与低廉的价格，迅速占领市场份额，成功打入广告界与电视界。并于2002年获得由美国国家电视艺术与科学学院（National Academy of Television Arts）颁发的科技与工程艾美奖（Technology and Engineering Emmy Awards）。

【注解：在2001年，苹果凭借名为火线（FireWire）的发明第一次得到艾美奖；2005年、2006年又通过创新视频点播引擎流媒体构架和组件（Streaming Media Architectures and Components）继续捧走艾美奖；2013年，苹果公司凭借iCloud第5次获科技与工程艾美奖。】

2009年7月，苹果公司推出Final Cut Studio 3安装包，安装包包括Final Cut Pro 7、Motion 4、Soundtrack Pro 3、Color 1.5、Comperssor 3.5，这是旧版FCP系列的巅峰之作。

1.3　Final Cut Pro X功能特色

FCPX，一款引领时代的视频编辑软件。

64位架构的软件，打破32位软件只可调用4GBRAM的限制，充分释放电脑性能；可原生支持REDCODE RAW、Sony XAVC、AVCHD、H.264、AVC-Intra、MXF以及更多格式，减少转码时间与画质损失；创造性地引入磁性工作线，颠覆传统剪辑模式；高品质视频编码ProRes，可以在 Final Cut Pro X 中对全帧速率4:2:2 与 4:4:4:4 HD 高清、2K、4K 和更大的视频源进行多流实时剪辑；ARRI、Blackmagic、Panasonic、ATOMOS、Sound Devices等越来越多的前期设备，直接采用Apple ProRes编码进行记录；创造性地实时保存，高效率的工程文件备份，保证工作成果的安全性。

看到许多朋友都在质疑FCPX的专业性，在这里将会带领大家接触一个划时代的产物，一个即将催生的新的行业性标准。

1.4　Final Cut Pro X 工作流程

首先，来了解一下FCPX的基础工作流程，大致分为以下几步，如图1-1所示。

图1-1

1. 建立资源库、事件、项目时间线

这是万里长征的第一步。需要搭建工作平台，指定软件建立一个适应于当前项目属性的工程。

2. 导入素材、素材整理、建立代理文件

如果说第一步未能体现FCPX的与众不同，那么从这里开始将呈现不同的世界。

（1）从素材导入开始，就可以进行剪辑。软件除了拥有多种方法的快捷导入方式，还具备对某些格式重新封装文件的片段导入方式。可以从导入环节选择需要片段的部分，并只将选择的部分导入电脑，从而更节省电脑资源。

（2）便捷的代理文件。在处理类似于4K素材这样的高分辨率、高码率的素材时，能够便捷地代理文件，让电脑运行得毫无阻力。

（3）软件提供多种类型的素材分类方式。这样在面对庞大素材量时，也能够一目了然，心中有数；多种方式的分类，适用于不同风格影片的工作方式。

3. 粗剪、精剪、调色

FCPX创造性地引入磁性工作线的概念，带来了更加便捷的操作，使用户把更多的精力放在创作上。

FCPX还拥有一套较为强大的调色系统，支持二级调色。在剪辑软件中已经表现的很不错了。

4. 影片输出

FCPX支持多种格式、多种编码、多种码率的文件输出。与此同时，配合使用软件Compressor会更便捷地输出，如图1-2所示。

图1-2

1.5　Final Cut Pro安装与设置

如果是刚刚接触MAC系统，那就应该更深入地了解一下，在MAC系统下的软件安装跟Windows系统下的有哪些不同。

在Windows系统下，通常找到一个后缀为".exe"的文件后，剩下的就是下一步……下一步，再选择一下安装路径就搞定了。

但在MAC系统下，安装软件一共有两种方法。

第一种：直接在系统内置的软件"App Store"登录账号，单击想要下载的软件；不过有些软件是付费的，需要支付相应的费用。

第二种：MAC系统也有一种类似于Windows系统的安装文件，它的后缀是".dmg"。这种文件是一个压缩的镜像文件，双击打开的时候，桌面会弹出一个虚拟硬盘。这个时候会有两种情况：其一，直接将安装程序复制到电脑的"应用程序"窗口中即可；其二，会发现一个后缀为".pkg"的文件，双击这个文件，跟安装".exe"文件相同。

1.5.1　Final Cut Pro X安装环境要求

FCPX从发布至今，更新版本很快，如果现在要安装最新版本的FCPX，就需要将系统升级到最新的官网更新版本。

最低系统配置：OS X 10.9.2或更高版本、4GB RAM（4K视频建议使用8GB RAM）、支持 OpenCL 的显卡或Intel HD Graphics 3000图形处理器或更新版本、256MB VRAM（4K视频建议使用1GB VRAM）、3.5GB磁盘空间。

本书所使用的操作系统版本为OS X 10.9.2,安装软件版本为Final Cut Pro X 10.1.2，如图1-3所示。

图1-3

1.5.2　安装方法

如上所述，其一，可以通过系统自带的APP付费安装软件；其二，可以通过获得FCPX的安装包，将软件直接拖曳到系统的"应用程序"中，如图1-4所示。

图1-4

1.5.3　与Final Cut Pro 7共存安装

有许多的新用户，一时半会儿还不能够接受新版软件的操作方式；也有一些用户，还有采集磁带等需求。所以很多情况下，需要在一台电脑上同时拥有7与X两个版本的软件，解决方法其实很简单。

如果电脑已经预装了Final Cut Pro 7，那么首先，打开电脑"应用程序"的目录，选中"Final Cut Pro"的图标，按回车键（这是MAC系统下重命名的快捷键），然后将文件名改成"Final Cut Pro 7"，就可以安装新版软件了。

如果已经不小心用FCPX覆盖了FCP7，那么将FCPX的图标重命名亦可。

这时，已经在一台电脑上拥有两个版本的Final Cut Pro，如图1-5所示。

图1-5

1.6　Final Cut Pro X界面介绍

当第一次打开软件时，展现在面前的界面似乎让人无从下手，这是大多数专业软件共同的特性，接下来将认识一下这些窗口。

1.6.1　面板总述

FCPX的窗口主要由5个主区域组成，它们分别是：①"事件资源库"（Event Browser）、②"浏览器"（Browser）、③"监视器"（Viewer）、④"检查器"（Detector）、⑤"磁性时间线"（Magnetic timeline），如图1-6所示。

图1-6

　　再添加一些项目，展示一下它强大的全貌。
　　貌似这才更像一个专业的剪辑工具，来细细地认识一下它，如图1-7所示。

图1-7

1.6.2　"事件资源库"区域

这一部分就是"事件资源库"，未来在这个面板中，要完成对素材的导入、分类、评价、优化，以及对项目的管理，如图1-8所示。

图1-8

在资源库的左下角依次排列了这4个按钮 ，左边的两个分别是"显示或隐藏资源库"和"资源库中素材排列方式"；右边两个是两种片段显示方式，分别是"连续画面视图"与"列表视图"。

1.6.3　"监视器"区域

"监视器"是提供视频回放的地方，可以在全屏幕视图或在第2台显示器上获得包括1080P、2K、4K甚至高达5K分辨率的同步视频图像。

与此同时，可以开启"事件监视器"，这样将拥有两个显示窗口：一个用于"事件"浏览；一个用于"时间线"浏览。

提示：　"时间监视器"的开启方法：选择窗口→显示事件监视器；或快捷键【Ctrl+Command+3】，如图1-9所示。

图1-9

　　在"监视器"区域的右上部,依次排列着"视频""音频""信息"3个选项,特效属性的调整及工程格式调整等集中在这个面板上,如图1-10所示。

图1-10

1.6.4 "磁性时间线"区域

这一部分是未来我们工作的主要区域，它包括"时间线索引面板""磁性工作线面板""效果面板"3个主要面板，如图1-11所示。

图1-11

1.6.5 时间线索引面板

打开或关闭"时间线索引面板"的方法，是单击软件左下角的"时间线索引"按钮或快捷键【Command+Shift+2】。

可以在这个面板中，找到时间线项目中使用的所有片段和标记（各种标记和关键词）。基于文本视图，还可以通过筛选条件，仅显示要查看的对象，如图1-12所示。

图1-12

1.6.6 磁性工作线面板

FCPX的时间线与其他剪辑软件一样，通过添加和排列片段进行片段的编辑，完成影片的创作。

FCPX时间线的与众不同之处在于，预置一条磁性工作线，时间线会以"磁性"方式调整片段，以使其与被拖到位置周围的片段相适应。如果将片段拖出某个位置，则邻近的片段会自动填充出现的空隙。

FCPX时间线摒弃轨道的概念，整个时间线除一条主磁性工作线，再无其他轨道的存在，让编辑更加随心所欲，如图1-13所示。

图1-13

1.6.7　效果面板

　　FCPX提供了600多项视频、音频专业级滤镜，100多种专场特效，以及近两百种字幕制作方案。允许第三方插件应用的进入，凭借64位软件的优势，大大增强了插件的稳定性，如图1-14所示。

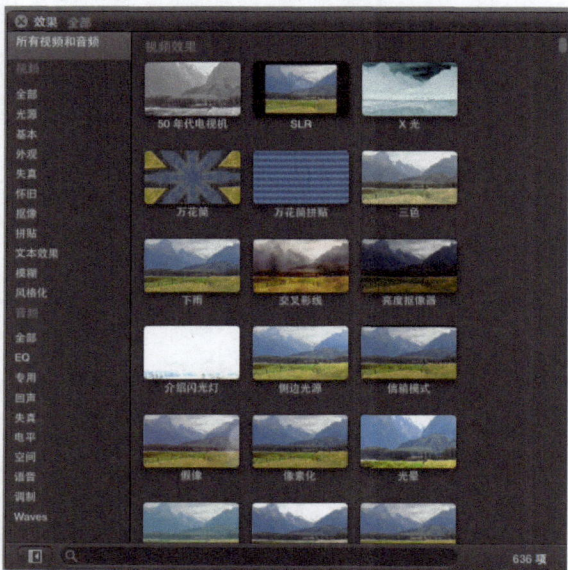

图1-14

1.6.8　后台任务、时码、音频指示

　　一个小窗口，实现了对"后台任务、时码、音频指示"这3项基本数据的实时监看，如图1-15所示。

图1-15

1.6.9　素材导入、素材评价、关键词编辑器、所选素材放到时间线、工具

　　这一块区域是编辑控制的核心区。

　　素材导入：打开素材导入对话框的按钮。

　　素材评价：提供3种便捷的素材标记方式，便于后期编辑对有效素材的调用。

　　关键词编辑器：一种全新的素材归类方式，让庞大的素材库从此有条不紊。

　　所选素材放到时间线：可以控制在"事件"中所选素材，以"连接""插入""附加"3种方式放置到时间线上。与此同时，也可以选择同一段素材以"视频与音频""仅视频""仅音频"3种姿态放置。

　　工具：7种可用快捷键切换的常用编辑工具，带来便捷的编辑方式，如图1-16所示。

图1-16

第 **2** 章 磨刀霍霍——剪辑的准备工作

好的剪辑开始于有条不紊的素材整理。特别当我们遇到大量素材的项目时，面对一堆杂乱无章的素材，恐怕再好的剪辑师也会有无从下手之感，做不到马上就能动手开始工作。磨刀不误砍柴工，往往这个时候更需要静下心来捋捋素材，也许会创造出化腐朽为神奇的思路。

Fianl Cut Pro X提供了一个庞大的可以扩展的元数据结构，以确保能够同时做到灵活简单而又精确的分类、组织和管理等工作。

Fianl Cut Pro X强劲的素材规整能力是一个划时代的创新，这正是本书推荐这款软件的原因之一。

本章中主要介绍正式剪辑前所有需要准备的工作。根据FCPX的许多新功能，介绍一些使用技巧，使读者渐渐地体会到它的重要性。

2.1 硬件设备的选择

随着科技的日新月异，如今的视频世界也是千姿百态。随着播放平台及媒介的多样化，不同格式、不同码率、不同尺寸的视频也应运而生。为了避免"高射炮打蚊子"般的资源浪费，在此推荐一些合适的机型。

剪辑工作中，硬件消耗最大的是显卡与硬盘，由于FCPX只能应用到苹果系统中，所以可选择的机型只有5类：Mac mini、Mac Air、Mac Book、Imac、Mac Pro。如果现有设备影响工作效率，那建议更换更高配的设备。一般而言，HD素材使用新版Mac Book Pro加上单盘（3.0接口）就能够应对；如果要剪辑更高的4k素材，一是建议将素材转换成代理文件剪辑，二是将磁盘升级成磁盘阵列，三是选择双显卡的新版Mac Pro。

有条件的情况下尽量选择双屏剪辑，这样不但能够看得更清楚，而且更有益于颈椎健康，如图2-1所示。

图2-1

2.2　给素材一个家

千里之行，始于足下。本节讲解素材如何导入FCPX软件中，重点讲解素材导入软件后如何进行规整。随着剪辑时间的增加将会遇到软件特别卡的时候，这时候需要删除一些不必要的渲染文件，并使用一些必要的项目管理方法。

下面我们就要开始"万里长征"的第一步。

2.2.1　FCPX基本构架

为了让大家更形象地理解这款软件，这里用一个个图标来描述它的样子（新版FCPX进行了很大的改动，这里为大家介绍最新版本）。

软件中可建立若干 资源库，资源库下可建立若干 ★ 事件，事件下可建立若干 ▤ 项目文件以及导入若干 ▤ 素材，如图2-2所示。

图2-3

library as a self-contained unit of work such as a production or a job.

图2-2

图2-4

2.2.2　资源库、事件、项目的建立

通过上面图标的展示，相信在脑海里已经建立对这个软件构架的基本认知。接下来开始全新的旅程！

▶ **实例——资源库的建立**

STEP 01 打开软件。

STEP 02 单击"文件"→"新建"→"资源库"命令，如图2-3所示。

STEP 03 这时会弹出一个图2-4所示的对话框。根据需要把"资源库"建到想要建立的位置。如果有多个磁盘，"资源库"建立的位置，建议放到一个相对安全的磁盘中。

▶ **实例——事件的建立**

建立新的事件有以下几种方式。

STEP 01 在软件"库"中空白处单击鼠标右键，在弹出菜单中单击"新建事件"；或单击"文件"→"新建"→"事件"命令；或按快捷键【Option+N】，如图2-5和图2-6所示。

图2-5

图2-6

STEP 02 在弹出对话框中，"事件名称"输入想要新建事件的名称，"资源库"选择想要添加事件的资源库。

提示： 如果勾选了"创建新项目"的选项，那么在新建的事件下会新建一个项目，如图2-7所示。新建了一个"2.2.2"的事件后，需同时勾选"创建新项目"。

STEP 03 这样就完成了一个事件的创建，如图2-8所示。

图2-7

图2-8

▶ 实例——项目的建立

在"事件的建立"中，已经创建了一个"未命名项目"，接下来试一下怎样新建一个项目。

STEP 01 在软件"库"中的任意处单击鼠标右键，在弹出菜单中单击"新建项目"如图2-9所示；或单击"文件"→"新建"→"资源库"命令，如图2-10所示；或按快捷键【Command +N】。

图2-9

图2-10

STEP 02 在弹出对话框中，"项目名称"输入想要新建事件的名称，"事件中"选择想要添加事件的事件。

在"视频属性"选项中，可以单击"自定"，这里可以选择想要编辑的时间线的视频属性。与此同时，也可以根据需要，选择软件渲染文件的音视频属性。

提示： 如果勾选了"根据第一个视频片段进行设计"的选项，那么软件会根据拖入时间线的第一个视频文件来设定时间线的视频属性。

这里在2.2.2的事件中，新建了一个"2.2.2新建项目"的项目，如图2-11所示。

图2-11

STEP 03 现在已经有了一个"第二章"的资源库、一个"2.2.2"的资源库、两个"未命名项目""2.2.2新建项目"的项目，成功地给素材准备好了一个家。接下来让它们都住进来，如图2-12所示。

图2-12

2.3 素材导入

这个部分主要讲解素材怎么导入软件，以及哪些视频适合直接导入、哪些视频需要进行优化处理。

2.3.1 支持媒体格式

Final Cut Pro X中支持导入和处理的视频、音频和静止图像及容器格式如下。

1. 视频格式

Apple Animation Codec、Apple Intermediate Codec、Apple ProRes（所有版本）、AVC-Intra、AVCHD（包括AVCCAM、AVCHD Lite 和 NXCAM）、DV（包括DVCAM和DVCP（DVCPRO50）、DVCPRO HD、H.264、HDV、iFrame、Motion JPEG（仅限OpenDML）、MPEG IMX （D-10）、REDCODE RAW （R3D）、未压缩10位4:2:2、未压缩4:2:2、XDCAM HD/EX/HD422、Quick Time格式。

2. 音频格式

AAC、AIFF、BWF、CAF、MP3、MP4、WAV。

3. 静止图像格式

BMP、GIF、JPEG、PNG、PSD（静态和分层）、RAW 、TGA、TIFF。

4. 容器格式

3GP、AVI、MP4、MXF、QuickTime。

提示： ❶ 在可导入静止图像格式中，FCPX允许PSD（静态和分层）的导入，这是本次更新的一大亮点，有机会的话可以尝试一下。

❷ 在实际应用中，可能会发现MXF或REDCODE RAW （R3D）等无法正常导入，这说明电脑里没有安装相应插件。可以到FCPX的官方网址下载相应的插件，并安装到电脑上，素材就可以正常导入了。

2.3.2 文件格式转换

虽然上面介绍了FCPX可以导入很多格式的素材，但是也有很多素材并不适合直接导入到时间线上进行剪辑；还有很多素材并不能顺利地导入软件中，需要有一个转码的过程，下面就来介绍如何解决这些问题。

▶ **实例——对于分辨率较高的素材（创建代理文件）**

随着技术的日新月异，4k乃至更高分辨率的超清素材大量涌现。分辨率的提高带给观众的是更细腻的画面、更多彩的颜色、更逼真的影像，与此同时，带给后期制作的问题也迎刃而来，就是素材数据量变得巨大、视频码流巨大。

在面对这方面素材时，FCPX提供了便捷的代理文件方案，接下来为大家介绍代理文件的使用。

STEP 01 在"第二章"资源库下，按快捷键【Option+N】建立新事件"2.3.2"，并建立与之名字相同的项目，快捷键为【Command +N】，如图2-13所示。

图2-13

STEP 02 单击任务栏"文件"→"导入"→"媒体"命令，或按快捷键【Command +I】，便会弹出导入对话框，如图2-14所示。

图2-14

STEP 03 在导入文件夹中，选择需要导入的文件，单击"导入所选项"，便会弹出导入选项的对话框，如图2-15所示。

图2-15

提示1： ❶ 如果勾选"创建优化的媒体"，软件便会在资源库中转码生成与所选文件相同文件名的后缀为".mov"的文件，文件编码为Apple ProRes 422，画面尺寸与原尺寸相同。

❷ 如果勾选"创建代理媒体"，软件便会在资源库中转码生成与所选文件相同文件名的后缀为".mov"的文件，文件编码为Apple ProRes 422 Proxy，画面尺寸为960 × 540（以分辨 1920×1080为例）。

提示2： 如果媒体已导入媒体库，可选中素材单击鼠标右键后选择"对媒体进行转码"，这时便可勾选"创建优化的媒体"和"创建代理媒体"，如图2-16所示。

图2-16

虽然新版的FCPX支持多种格式的编码素材，也可通过安装插件支持很多原生编码格式，但仍有很多素材并不能够直接导入，这时需要第三方软件将原素材进行转码处理，在这里推荐一款Mac系统下的格式转换软件：Aimersoft Video Converter Ultimate。当然，如果有更加合适的转换软件也可使用。

2.4 高级素材整理

无论从事什么题材的剪辑，从某种意义上讲，剪辑就是对原始素材的一种有序组合。"有序"这一点很重要，要做到这一点至少要对素材做到心中有数，那么对素材的整理分类就显得尤为重要。

是否每每在思如泉涌的剪辑思路中，被一个找不到的镜头搞得焦头烂额，当镜头找到时，却已大脑空白、思路全无，FCPX会在一定程度上解决这些困扰。

接下来的这个小节，将介绍FCPX强大的素材规整方法。

2.4.1 软件外部文件夹整理

虽然FCPX提供了强大的规整方法，但为了规范的工作流程以及体现我们的专业操守，还是应该从外部文件夹的整理开始规范素材。根据多年积累的经验，在这里推荐几种项目工作的归类方法。

1. 需要多部门协同合作的项目

此类项目一般都属于投资较大的项目，整个后期周期较长，各个岗位比较细化，会出现很多修改的版本，而整个项目最后的输出，都会汇集到时间线上。因此，需要将外部文件按照部门建立文件夹，包括调色、包装、声音、原始素材、工程文件等。

2. 实拍量很大的项目

我们经常会碰到拍摄量很大的项目，那么，大量的原始素材就需要在外部文件夹开始分类。通常会按照日期来分类素材，这时，外部文件夹可以使用这种命名方式："2015.××.×× 拍摄机位 拍摄内容概述 摄像师"。如果碰到多机位拍摄的素材，不妨把同一天拍摄的不同机位的素材归到一起，以方便后期调取素材。

2.4.2 通过自动分析原始素材得到元数据

上面说的是外部文件夹的管理方式，这些适用于不同的剪辑软件，接下来尝试一下FCPX独特的素材整理方式。

首先，解释一下元数据。元数据分为两种，一种为素材固有的原始数据（包含ISO、帧速率、时间长度、码率、压缩格式等）；另一种为通过软件分析得到的数据（FCPX的人脸识别技术会甄别每一帧画面，然后给编辑者一组有效的分析数据）。

▶ **实例——素材的原始元数据及基本排序**

STEP 01 打开软件，在"第二章"资源库里，按快捷键【Option+N】建立新事件"2.4.2"，并在新事件中建立新项目"2.4.2"，如图2-17所示。

图2-17

STEP 02 请将"节目宣传素材"与"外景拍摄素材"两个文件夹的内容尽数导入到事件"2.4.2"中。这时呈现在你面前的是一堆杂乱无章的缩略图，如图2-18所示。

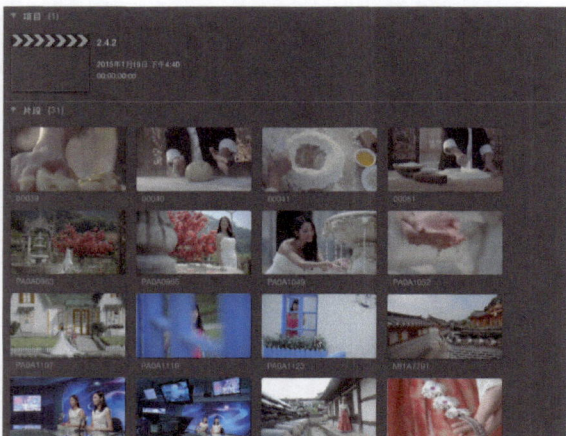

图2-18

FCPX提供了几种片段显示及分类方式。

（1）片段显示方式

当前显示方式为"连续画面显示片段"，单击蓝色按钮右边的"列表视图显示片段"按钮

，会发现两种截然不同的显示方式，如图2-19所示。

图2-19

（2）基础分类方式

FCPX并不缺乏常规剪辑软件应该有的功能，在一定程度上做到了"人无我有，人有我优"。单击"齿轮"按钮，会弹出下拉菜单，在这里可以选择片段分组方式及排列方式，赋予素材基本排列规则，如图2-20所示。

图2-20

以"内容创建日期"为例，得到下图排列结果，如图2-21所示。

图2-21

STEP 03 在资源库中，选中一条素材，按快捷键【Command+4】打开检查器窗口，选择"信息"选项，如图2-22所示。

图2-22

在这个窗口可以看到所选视频片段的基本元数据。单击检查器窗口左下方"基本"处，会打开一个下拉菜单，可选择不同的元数据栏，查看不同种类的元数据，如图2-23所示。

提示： 在下拉菜单的"设置"选项中，可以更改所选素材的"优先场"，如图2-24所示。

图2-23   图2-24

▶ 实例——查找人物

FCPX有"自动分析"功能，与之并行还有"修正"功能。

"自动分析"功能会将视频片段进行人脸检测，计算人物数量以及人物在画面中所占比例。"修正"功能会将拍摄中摇晃及快速移动镜头带来的果冻效应等问题片段进行标注，以待创作人员进行优化。

STEP 01 选择片段"MI1A8503""MI1A7860""R91A9481"和"MI1A8113"，单击鼠标右键选择"分析并修正"命令，会弹出一个对话框，如图2-25所示。

图2-25

STEP 02 勾选对话框中"查找人物"与"在分析后创建智能精选"两个选项，如图2-26所示。

图2-26

STEP 03 分析4个片段后，会在事件中发现一个"人物"文件夹，展开文件会发现创建的4个智能精选关键词，这是经软件分析给出的结果，如图2-27所示。

图2-27

提示： ❶ 软件在执行这一命令时，可能因为画面的复杂性而导致分析的结果有误。视创作内容而定，如果无需进行人脸分析，可不进行此操作，节省宝贵的运算资源。

❷ 移除分析所得关键词，可用鼠标右键单击，选择关键词→"删除智能精选"命令；或按快捷键【Command+Delete】。

2.4.3　手动添加关键词

　　手动添加关键词，让创作人员自主将素材开始分类，筛选自己心仪的素材片段，从素材规整就开始剪辑工作了。

▶ **实例——新建关键词**

STEP 01 打开软件，在"第二章"资源库里，建立新事件"2.4.3"快捷键【Option+N】，将"节目宣传素材"导入到事件"2.4.3"中，如图2-28所示。

图2-28

　　4段素材中，有3段为常速镜头，一段为升格的慢速镜头，用关键词将其进行分类，以方便后期剪辑工作。

STEP 02 选中事件"2.4.3"，用鼠标右键单击，在弹出菜单中，选择"新建关键词精选"命令，或按快捷键【Shift+Command+ K】，如图2-29所示。

图2-29

STEP 03 新建两个关键词，分别重命名为"常速镜头"与"升格镜头"，如图2-30所示。

图2-30

STEP 04 单击编号为"00051"的视频片段，按住鼠标左键不放将素材拖到关键词"升格镜头"处，当出现"加号"标志时放开鼠标左键，如图2-31所示。

图2-31

STEP 05 同上操作，将"00039""00040"两个片段拖放到关键词"常速镜头"处。发现以上3个片段的缩略图上方都出现蓝色线条，与此同时，选中每一个关键词，都会发现刚刚放置的镜头，如图2-32所示。

图2-32

STEP 06 以上操作可以满足挑选素材时对素材的初选，但这还远远不够。继续选中片段"00041"，按空格键播放视频，在片段中用【I】键与【O】键打上出入点，将出入点区域放到关键词"常速镜头"处，如图2-33所示。

图2-33

STEP 07 此时，片段"00041"只有选中部分出现蓝色条；而且"常速镜头"中，只显示该片段出入点的部分内容，这种分类方式减少了后期制作的工作量，如图2-34所示。

图2-34

▶ 实例——如何删除片段的关键词

STEP 01 单击"标记"→"显示关键词编辑器"命令，或按快捷键【Command+K】，如图2-35所示。

图2-35

STEP 02 删除"关键词编辑器"中相应的"关键词"，即可删除片段关键词，如图2-36所示。

图2-36

2.4.4 通过评价筛选片段

手动添加关键词，已是剪辑软件中素材规整方法的一个创举；而接下来的"评价筛选片段"，是素材规整的又一创举，它将进一步解放大脑，让剪辑师将更多的脑力放到完善剪辑思路上。

STEP 01 新建事件"2.4.4"或按快捷键【Option+N】。

STEP 02 将事件"2.4.3"中，4个带有关键词的片段复制到事件"2.4.4"。选中事件"2.4.3"中的4个片段，按住鼠标左键不放，将4个片段拖到事件"2.4.4"处，待事件"2.4.4"被点亮，按住Option键，此时就会增加一个绿色的加号，松开鼠标左键完成复制，如图2-37所示。

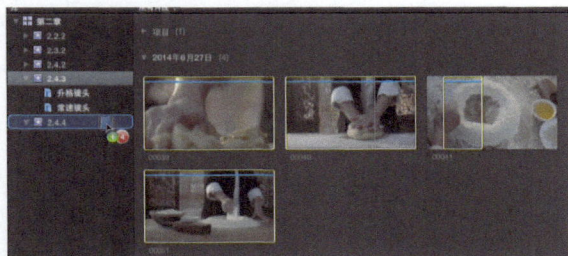

图2-37

提示：因为此素材是在同一硬盘下，如果不按Option键，软件会将素材直接剪切到新事件中；若素材是在两个硬盘下，复制片段则不需要按Option键；若素材是在两个硬盘下，此时要执行剪切功能，则需要按Command键。

STEP 03 在片段"00039、00040、00051"中，利用出入点【I/O】选择你认为有用的部分，如图2-38所示。

图2-38

STEP 04 选中勾选区域，单击"资源库"左下方的绿色星号按钮快捷键【F】，如图2-39所示。

STEP 05 这时，以上3个片段被选择的区域上，多了一条绿色的横线。单击"资源库"左上角的"所有片段"，在下拉菜单中选择"个人收藏"，或按快捷键【Control+F】，如图2-40所示。

图2-39　　　　　图2-40

此时，资源库中的片段只会显示评价过的部分。特别在素材量很大的时候，第一遍预览就可以挑选想要的镜头，用片段评价的方法可迅速提高我们的工作效率，如图2-41所示。

图2-41

提示： ❶ 片段添加"拒绝"评价。

选择要评价的片段或片段部分，单击资源库下方的红色×号按钮，快捷键为【Delete】，如图2-42所示。

❷ 取消片段评价。

选中片段中被评价的片段或片段区域，单击资源

库下方白色边框五角星按钮，快捷键为【U】，片段评价将被删除，如图2-43所示。

图2-42　　　　　图2-43

❸ 尝试筛选片段菜单中的不同选项。

在筛选片段菜单中，还有其他的筛选片段方式。根据工作需求，选择合适的筛选片段显示方式。

2.4.5　添加标记点

Final Cut Pro X还有一种标记素材片段的方法，那就是添加标记点。标记点可添加到片段某个帧画面，与此同时，可以在每个标记点上记录将要进行的工作。标记点不仅可在"事件浏览器"中的片段上进行标记，还可在编辑时间上进行标记，有时可以把它当做便利贴，有时还可以充当记号点，总之，它会在工作中带来更多的便利。

STEP 01 按快捷键【Option+N】新建事件"2.4.5"。

STEP 02 如"2.4.4"中所讲的方法，将事件"2.4.4"中，4个带有关键词的片段复制到事件"2.4.5"（详见"2.4.4"节内容）。

STEP 03 仔细观察片段"00051"，发现在这个升格镜头的后半部分还有一处可用，播放这个片段大约在第20秒处，单击任务栏"标记"选项，选择下拉菜单中"标记"→"添加标记并修改"命令，或按快捷键【Option+M】，如图2-44所示。

为方便查看素材片段，可按快捷键【Command+–/+】，来放大与缩小片段。熟能生巧，若想更熟练地操作剪辑软件，提高其工作效率，那么必须更多地使用快捷方式来执行有关操作，从而将更多的精力放到创作上。

图2-44

STEP 04 此时，片段"00051"第20秒处添加了一个标记点，在光标处键入"可用部分"，如图2-45所示。

图2-45

STEP 05 在资源库下方按钮处，将片段显示模式改为"列表显示"模式，此时，展开片段"00051"，片段中"智能精选词""片段评价""标记点"一目了然。试着单击片段中3个属性，软件会自动锁定实时选择的区域或标记点。这种片段分类、整理的方式，在素材量较大的工程项目中，很大程度上减轻了后期编辑的工作量，而且达到了乱中有序的目的，如图2-46所示。

图2-46

提示： ❶ 删除标记点的快捷键为【Ctrl+M】。

❷ 修改已有标记点内容，选择标记点，按快捷键【M】，在标记点对话框内修改内容。

❸ 细微调整标记点位置，选择标记点，按快捷键【Ctrl+，】或按【Ctrl+。】，标记点向左或右移动一帧。

❹ 标记点在时间线的工作中也有大用处，后面编辑部分的课程会有涉及，不妨在编辑工作中先做尝试。

2.4.6 手动输入片段元数据及过滤器的使用

"高级素材整理"这个小节非常重要，它将直接影响接下来的编辑工作。作为本章结的收尾，将重点介绍部分较为实用的手动输入元数据内容。输入各种元数据以及片段的标记、评价、添加关键词等，所有的一切都为奔着一个目标——快速定位理想的片段，过滤器功能是这一问题的终结。

STEP 01 按快捷键【Option+N】新建事件"2.4.6"。

STEP 02 如"2.4.4"中所讲的方法，将事件"2.4.2""2.4.5"中，所有素材复制到事件"2.4.6"中，我们会看到此时事件中充斥着各种各样的素材，如图2-47所示。

图2-47

STEP 03 当前事件的排列方式是默认的以"内容创建日期"升序排列，以片段"R91A9710""R91A9714""R91A9430"为例，手动输入片段元数据，如图2-48所示。

图2-48

STEP 04 同时选中片段"R91A9710""R91A9714"，在检查器中选择"信息"项。若检查器还没打开，请单击"检查器"按钮，按快捷键【Command + 4】，如图2-49所示。

图2-49

STEP 05 在检查器下方的"元数据"栏中选择"扩展"，如图2-50所示。

图2-50

STEP 06 此时，检查器窗口会出现很多选项，在"场景"项后面的边框中输入"海边"，现在就已经人为地赋予这两个片段"海边"这样的"场景"元数据，如图2-51所示。

图2-51

▶ **实例——元数据"角色"的应用**

STEP 01 选择片段"R91A9714""R91A9430"，在检查器窗口的信息栏中展开"角色"选项，单击"编辑角色"，如图2-52所示。

图2-52

STEP 02 此时，便会弹出"角色编辑器"对话框，单击对话框左下方加号按钮，选择"新视频角色"，将新角色命名为"女主角"，关闭"角色编辑器"，如图2-53所示。

图2-53

STEP 03 完成了新角色建立，回到信息栏。在信息栏的角色项中，已经新增了"女主角"这个角色，勾选"女主角"选项，如图2-54所示。

图2-54

▶ **实例——过滤器功能的强大之处**

STEP 01 在事件"2.4.6"中，按快捷键【Command+Option+N】新建智能精选"2.4.6精选"，如图2-55所示。

图2-55

STEP 02 双击智能精选词"2.4.6精选" ，此时，软件便会弹出"过滤器"窗口。

STEP 03 单击过滤器窗口右上方加号按钮，在弹出的下拉菜单中分别选择"角色""格式信息"选项，如图2-56所示。

图2-56

STEP 04 在过滤器中，角色选项只勾选"女主角"；格式选项中选择"场景"分类，输入"海边"。此时，智能精选词"2.4.6精选"中，只显示了片段"R91A9714"，在获得这个片段同时满足场景"海边"与角色"女主角",如图2-57所示。

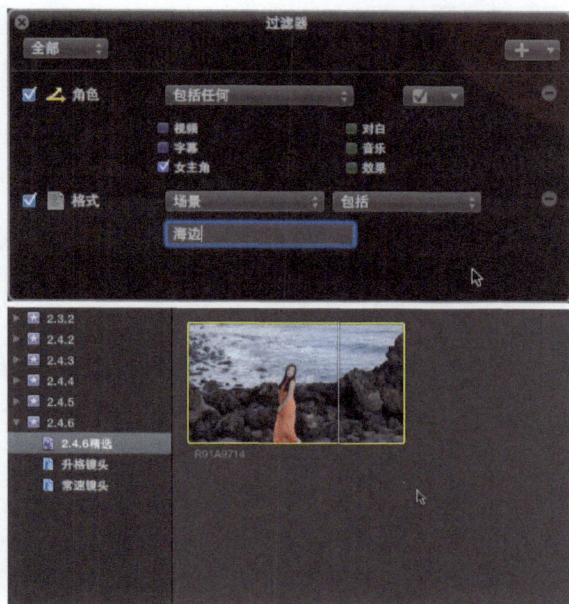

图2-57

STEP 05 与此同时，过滤器还提供了更多的筛选方式。单击过滤器左上方"全部"处，展开下拉菜单，选择"任意"。此时，智能精选词"2.4.6精选"中，显示了3个片段"R91A9710""R91A9714""R91A9430"，获得满足任意场景"海边"与角色

"女主角"的片段，如图2-58所示。

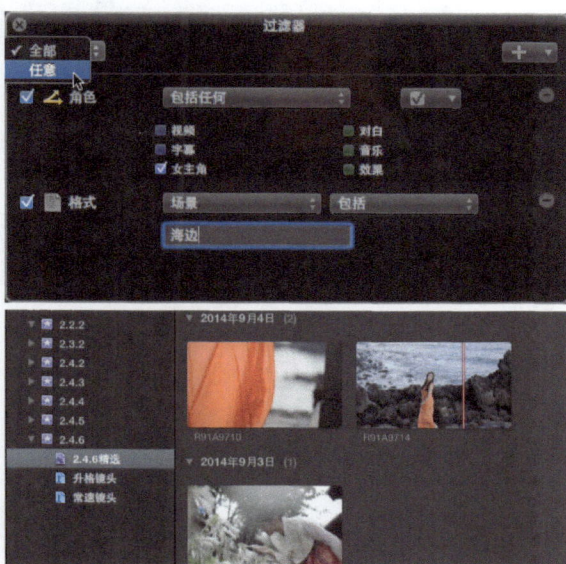

图2-58

提示： ① 过滤器功能中还有很多选项，未能在此一一展示，大家可在实际操作中多做尝试。
② "角色"分配功能，在输出成片时还有另外用途，在接下来的内容中再做详细介绍。

2.5 项目管理

当剪辑工作进行了一段时间后，可能因为种种原因需要调整项目的有关属性，或者是发现剪辑软件越来越慢等，本节将介绍软件中的项目管理。

2.5.1 修改项目名称和属性

STEP 01 按快捷键【Option+N】新建事件"2.5"。

STEP 02 在事件"2.5"中，单击"未命名项目"文字处，在名称栏中重新输入"项目2.5"，完成对项目的重命名，如图2-59所示。

图2-59

STEP 03 选中重命名后的项目"项目2.5"，如果此时检查器没有打开，请先打开检查器，快捷键为【Command + 4】，单击窗口"修改设置"处，如图2-60所示。

图2-60

STEP 04 此时,会弹出图2-61所示的对话框,在对话框中可以修改"项目名称"及其他的有关项目属性。

在视频属性栏中,你会惊奇地发现软件竟然支持4K甚至更大分辨率的视频;在音频通道的选项里,竟然有环绕声的选项,无论是音频或视频本FCPX都紧跟时代潮流,这也是我们推荐这款软件的原因。

图2-61

2.5.2 渲染文件、代理文件位置调整

SSD固态硬盘技术的推出,从根本上打破了机械硬盘读写素材的瓶颈,越来越多的新电脑开始使用固态硬盘作为系统硬盘,然而问题也开始暴露出来:固态硬盘短时间内还无法解决大储存容量的量产问题。

在实际工作中是否也会遇到这样的困境,将工作的资源库建立在系统盘,因为这样能在一定程度上提高软件的运算能力,然而随着工程不断进行,渲染文件越来越大,本地硬盘可用空间越来越少,此时,需要将渲染文件、代理文件以及资源中的原始文件挪个位置。

与FCP7不同,FCPX在新建工程初期,需要选择渲染文件、自动保存库、波形图缓存等一些专业参数的储存路径,否则无法在软件的"偏好设置"中找到相关信息。

FCPX是一款基于"资源库"框架的编辑软件,因此一个完整的工程文件,就是一个以资源库为单位的工程。

STEP 01 选中资源库"第二章",打开检查器页面,快捷键为【Command+4】,如图2-62所示。

图2-62

STEP 02 这个页面会显示资源库中所有渲染文件、分析文件、缩略图图像以及音频波形文件,这些软件生成文件所占空间的大小,还有其他关于这个资源库的基本信息。

单击监视器窗口储存位置后的"修改设置"的按钮,如图2-63所示。

图2-63

STEP 03 单击"媒体"后的"在资源库中"选项，在弹出菜单中选择"选取"选项，如图2-64所示，此时软件便会弹出一个对话框，可以在对话框中选择系统下任意一个盘符放置需要导入到资源库的视频文件。

图2-64

STEP 04 用此方法还可以更改"缓存文件""备份文件"的位置。

在此建议，可将"媒体文件"放到空间较大的盘符，因为一些需要软件重新封装的视频文件体积较大；如果系统硬盘够大，而且是固态硬盘，建议可将"缓存文件"放置到系统盘符下，这样可以在一定程度上加快软件的相应速度，不必担心越来越大的缓存文件，因为可以定时清理；至于"备份文件"，因为它是资源库的备份，建议不要将它放在与工程资源库相同的盘符下，尽量放到可靠程度较高的盘符下，如RAID5或其他高保障的盘符下，这样可降低硬盘损坏带来的风险。

为保证教程工程文件的完整，在此就不更改相关文件的存放路径。

2.5.3 项目的复制与快照

在这个行业工作中不可避免地要碰到反复修改，因为是创造性的工作，往往我们的想法与客户的想法会有些许冲突，多年的从业经验告诉我，相信你的第一感觉，为了让你跟客户都有"后悔药"可用，复制项目是必不可少的工作内容之一。

STEP 01 选中"项目2.5"单击鼠标右键，选择"复制项目"选项，或按快捷键【Command+D】，如图2-65所示。

图2-65

STEP 02 在事件"2.5"中，多了一个"项目2.5 1"的项目文件，将"项目2.5 1"重命名为"项目2.5.3"，如图2-66所示。

此时，就得到了一个复制的项目，可以在这里进行项目的修改，与此同时，也可以随时调出上一版的成果来做对比。

图2-66

STEP 03 心细的你一定会发现在"复制项目"的下面还有一个"将项目复制为快照"的选项，现在用鼠标右键单击"项目2.5"，选择"将项目复制为快照"选项，快捷键为【Shift+Command+D】，如图2-67所示。

图2-67

STEP 04 这时，事件2.5中又多了一个"项目2.5"的快照文件，快照文件会显示具体的工作日期时间，如图2-68所示。

简单分析一下"复制项目"与"将项目复制为快照"的区别。"复制项目"是将工程文件连同后台的渲染文件、波形文件及替身文件重新复制到新建项目中；而"项目快照"仅是将时间线所在的工程文件重新复制一遍。

图2-68

2.5.4 整理事件和项目

在遇到时长较长的影片剪辑时，往往会因为太多的渲染文件而导致软件特别慢。因此，当遇到很大的工程量时，特别是到项目后期时，合理的优化整理就显得非常重要。

STEP 01 如果已经完成了剪辑工作，而且外部文件放置的比较规整，建议重新建立一个资源库，然后将工程所在的项目复制到新的资源库中，关闭原来的资源库，这样软件响应速度会有很大程度的提高。

STEP 02 还可以选择删除渲染文件。选中"项目2.5"，单击"文件"→"删除生成的项目文件"命令，如图2-69所示。

图2-69

STEP 03 在弹出的对话框中，选择想要删除的文件类型，如图2-70所示。

图2-70

STEP 04 当然也可以选择手动方式来完成渲染文件的删除。找到资源库在盘符下的位置，单击鼠标右键，选择右键菜单中的"显示包内容"命令，如图2-71所示。

图2-71

STEP 05 如图2-72所示，依次展开文件，可以删除文件夹"High Quality Media""Peaks Data""Thumbnail Media"的下一级文件，这些就是渲染文件，但请保留以上文件夹。

图2-72

依次介绍一下其他的文件夹所放置的文件。

"Original Media"，存放软件所导入的原始素材；如果原始素材是放置在原来位置，此文件夹中也会有一个相应的原始素材的替身文件存放到此。

"Transcoded Media"，代理文件所在的文件夹。

"Render Files"，渲染文件所在文件夹。

"Shared Items"，当资源库中的事件有素材共享的状态下，所处事件中便会增加此共享文件夹。

第3章

造梦空间——初级剪辑

经过前两章的学习，相信大家已经做好了剪辑的前期准备工作。接下来要开始学习软件的基本编辑功能，完成影片的粗剪工作。

在素材规整阶段就已经感受了FCPX的苹果风格，那么在编辑阶段这个软件的表现依旧不会令人失望。其引用个性化的磁性工作线，颠覆所有传统剪辑软件的操控思维，使用更加人性化的操作方式，真正地做到了人机合一的完美操控。

3.1 连接、插入、追加和覆盖

粗剪工作，基本上可以看做是把素材从媒体池有序地拖到时间线上的工作。接下来，介绍几种把素材从媒体池拖到时间线上的方法。

首先，建立一个名为"第三章"的资源库，以及一个"3.1"的事件，将素材中的"外景素材"导入事件"3.1"中。为了增加剪辑节奏，这里导入一个钢琴曲，可以按照上个章节所学的素材归类方式给素材归类（因为个人习惯不同，素材量不是特别大，在工程文件中就暂不分类）。

单击软件标题栏中的"编辑"菜单，在菜单中可依次看到"连接""插入""追加""覆盖"的编辑方式，与此对应的快捷键依次为【Q】、【W】、【E】、【D】。下面尝试用一下这几种编辑方式，如图3-1所示。

图3-1

将导入素材的"片段分组方式""排序方式"，全部勾选到"内容创建日期""升序"的选项上。会发现有5段同一场景的素材，就以这个小场景的素材为例，进行素材编辑方式的演示，如图3-2所示。

图3-2

STEP 01 利用标记出入点快捷键【I】、【O】，从5个片段中选择认为有用的部分，如图3-3所示。

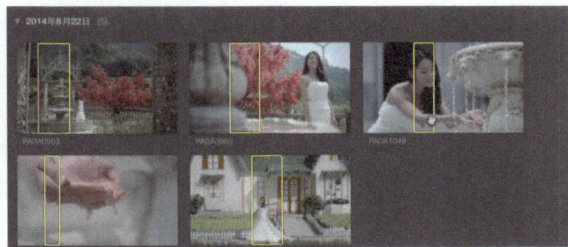

图3-3

提示： 限制源媒体。

在类似于宣传片、MV等风格影片的剪辑中，往往不需要视频所带的同期声；只需取得所选片段的音频部分。为了简化工作步骤，FCPX提供了一个简便的方式。

在软件的任务栏中，单击"编辑"，在弹出的菜单中选择"源媒体"；或在时间线左上角单击倒三角处。软件提供了3种源媒体的选项：音视频全部、仅视频、仅音频，快捷键分别为【Shift+1】、【Shift +2】、【Shift+3】，如图3-4所示。

图3-4

提示： 视频和音频预览。

FCPX提供了一个新的功能——视频和音频预览，只需要移动鼠标就可以轻松的预览视频。

开关视频和音频，可单击时间线右上角的预览开关或按快捷键【S】；由于鼠标拖动速度不一，会在预览这个功能时感到音频播放的声音有些怪异，那么可以尝试只关闭音频预览，快捷键为【Shift+3】，如图3-5所示。

图3-5

STEP 02 在"源媒体"选项中勾选"仅视频"，或按快捷键【Shift+2】。会惊奇地发现，时间线左上角处的按钮有细微的改变。原本片段的标志，变成了一个人物的标志。软件的细节做得非常棒，如图3-6所示。

图3-6

STEP 03 选择片段"PA0A1107"，并确认已经在片段上打好出入点，然后按快捷键【Q】；抑或是单击时间线左上方的"连接到主要故事情节"按钮。会发现，片段"PA0A1107"被放到时间线的顶端位置，并与下方磁性时间线之间有个小的连接棒。那么现在已完成一个片段的连接编辑方式，如图3-7所示。

图3-7

STEP 04 保持时间检索线在片段"PA0A1107"尾部位置不变，选择片段"PA0A0963"；并确认已经在片段上打好出入点，然后按快捷键【W】；抑或是单击时间线左上方的"插入到主要故事情节"按钮，如图3-8所示。

图3-8

当片段"PA0A0963"中被选择的部分被插入到磁性时间上后，就完成了插入的编辑方式，如图3-9所示。

图3-9

STEP 05 选择片段"PA0A0965"，并确认已经在片段上打好出入点；然后按快捷键【E】。或是单击时间线左上方的"附加到主要故事情节"按钮，如图3-10所示。

图3-10

当片段"PA0A0965"被放到了磁性工作线的最末端，就完成了追加的编辑方式，如图3-11所示。

图3-11

STEP 06 保持时间检索线在片段"PA0A0965"尾部位置不变，选择片段"PA0A1052"；并确认已经在片段上打好出入点，然后按快捷键【D】。将片段"PA0A1052"放到片段"PA0A0965"的后面，就完成了覆盖的编辑方式，如图3-12所示。

图3-12

经过上述操作，基本理解了这4种编辑方式的含义。但是从操作效果来看"连接""插入""覆盖""追加"这4种编辑方式，似乎没有什么区别。

"连接""插入""覆盖""追加"编辑方式的区别，可通过一个简单的示意图来区分。假设有"A、B、C、D"4个片段。其中，"A、B、C"3个片段已顺序排列到磁性工作线上，时间检索线处在视频A、B的交接处。

此时，分别完成"连接""插入""覆盖""追加"这4个命令，快捷键分别为【Q】、【W】、【D】、【E】，将会分别得到如下图所示的结果。

"连接"，将片段连接到磁性工作线上的时间检索线所处的视频片段上。

"插入"，将片段插入到磁性工作线上的时间检索线所处的视频片段处，原时间检索线后的视频依次先后延续。

"覆盖"，将片段覆盖到磁性工作线上的时间检索线上，原视频位置不变。

"追加"，将片段追加到本磁性工作线最末端的位置，如图3-13所示。

图3-13

STEP 07 将片段"PA0A1049"选中的部分"追加"到时间线的结尾处。

现在已经完成了这个场景的基本组接，可以把音乐放上去感受一下，如图3-14所示。

图3-14

STEP 08 将时间检索线移至时间线的最前端，快捷键为【Home】；再到媒体池中选择音乐；然后"连接"到时间线中，如图3-15所示。

图3-15

将时间检索线移至时间线最前端，快捷键为【Home】，然后单击键盘空格键或按【L】键，播放时间线上的内容。似乎音乐与画面的节奏上还是有些问题，可以把问题放到后面的小节来解决。

提示：剪辑软件中的播放与暂停、快进、快退。

本书中将会提及大量快捷键的操作，因为键盘操作会更加的精准与高效。所以在实际工作中，能用键盘搞定的操作，尽量避免使用鼠标操作。

在编辑工作中，软件中的播放与暂停键常用快捷键为【空格键】。由于在浏览大量原始素材时，为避免漏看镜头，会经常用到快进、快退的方法来查看素材。所以FCPX提供了【J】、【K】、【L】3个快捷键：按一下【J】键为正常倒放速度，按两下为2倍倒放速度，以此类推增加倒放速度；按一下【L】键为正常播放速度，按两下为两倍播放速度；【K】键为暂停键。

3.2　项目工具菜单

经过上个小节的介绍，大家已经能够根据自己的需要，通过多种编辑方式将素材放置到时间线上。那么这节就来学习，如何将时间线上的素材，进行进一步的精确编辑。

首先认识一下软件都提供了哪些工具，以及这些工具的具体用法。单击软件中部工具栏的倒三角箭头处，会展开一个工具窗口，软件共提供了7种工具。它们分别是"选择、修剪、位置、范围选择、切割、缩放、抓手"。与此同时，需要大家牢记7种工具所对应的快捷键分别是【A】、【T】、【P】、【R】、【B】、【Z】、【H】，这样能够在剪辑工作中熟练地切换这7种工具，如图3-16所示。

图3-16

在"第三章"资源库中建立新的事件"3.2"。与此同时，运用上一章所学习的方法，将事件"3.1"中的工程文件"3.1"复制到新建事件"3.2"中，并将复制过来的工程文件"3.1"重命名为"3.2"。

（1）"选择工具"，快捷键为【A】

这是所有工具软件中最常见的一种工具，可在时间线上选择单个片段或框选多个片段，也可在资源库中选择单个或多个片段。

由于FCPX创造性地引入磁性时间线的方式，这颠覆了传统编辑软件的时间线方式，也改变了最简单的选择工具。磁性工作线，顾名思义就像一个带有磁性的工作时间线，工作线上的所有片段都会自动吸附到一起。

（2）"修剪工具"，快捷键为【T】

修剪工具，在其他剪辑软件中也有类似工具，但FCPX几乎将这个工具开发到了极致。考虑到会有很多初学者阅读本书，为了学习的循序渐进，在本节中先学习一些比较简单的操作方式。

▶ **实例——修剪练习**

STEP 01 首先，回到 "3.2"的时间线中。按快捷键【Home】，从头观看最初剪辑的影片，并发现其中的问题。

时间线上的镜头逻辑似乎没有太大问题，但会发现第一个镜头中演员的进入有点早。这时，选择"修剪工具"来完成接下来的工作。

按快捷键【T】，确定工具变化为"修剪工具"，如图3-17所示。

图3-17

STEP 02 单击片段"PA0A1107"，使片段变成下图所示的状态，如图3-18所示。

图3-18

STEP 03 按住鼠标左键不放，将鼠标缓缓向右移动。此时，会发现监视器中出现两个画面，左面画面显示的是本片段在时间线中的起始帧的画面，右画面显示的是本片段在时间线中的最末帧的画面，如图3-19所示。

图3-19

STEP 04 左右滑动鼠标，时间线中的片段会显示移动片段的时间。选择认为比较合适的起始帧画面位置，如图3-20所示。

图3-20

STEP 05 为了让初学者更形象地理解这个功能，接下来将用下面的示意图来展示上面的操作。如果有一段10帧的动画，那么就用时间线上的第4帧~第7帧，这时修剪工具就会将画面整体移动3帧，如图3-21所示。

图3-21

（3）● "位置工具"，快捷键为【P】

也许是第一次尝试在磁性工作线上进行编辑工作，也许还不是很适应这种工作模式，这个工具可帮助度过最开始的适应期。

按快捷键【P】，在时间线中随意挪动视频，会发现时间线仿佛失去了磁性。但是要小心，时间线上可能因为移动会增加一些空隙。

（4） "范围选择工具"，快捷键为【R】

"范围选择工具"是一个在浏览素材中经常用到的工具。如果一段素材比较长，而只看中了其中的几个段落。这时为了提高工作效率，连贯工作思路， "范围选择工具"就是一个不错的选择。

▶ **实例——范围选择练习**

STEP 01 以片段 "PA0A0963" 为例。为了方便学习，首先按快捷键【Command+=】把浏览器中的视频片段放大或拖动浏览器窗口右下方的【标尺】工具，如图3-22所示。

图3-22

STEP 02 播放视频，选择认为需要的片段起始位置，按快捷键【R】，确认工具已变为 "范围选择工具"；再按住【Option】键不放，同时按住鼠标左键不放，从需要片段的起始位置一直滑到结束位置，就完成了第1个选区的建立。

如果这个片段只需要一个选区，或者在建立多选区时的第1个选区，可以利用快捷键【I】、【O】采用这种传统的打点方式建立选区，如图3-23所示。

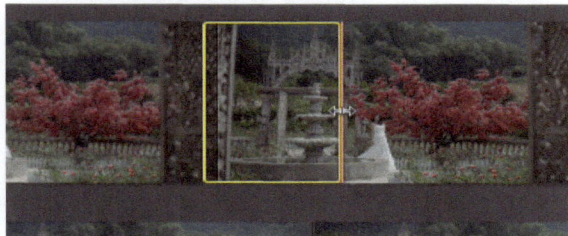

图3-23

STEP 03 继续播放视频，并从认为需要的位置开始建立第2个选区。从第2个选区的起始帧开始，按住【Command】键不放；同时按住鼠标左键不放，从第2个选区的首帧滑到末帧，就完成了第2个选区的建立。

可将光标移动至选区前后端，待光标变成双向箭头；按住鼠标左键左右移动，可更改选区范围，如图3-24所示。

图3-24

STEP 04 为了防止错误操作而取消选区，也为了能更加明显地标记选区，建议用第2章中学习到的评价片段的方式标记选区。按住【Command】键同时选中两个选区，按快捷键【F】评价片段，如图3-25所示。

图3-25

也可以按快捷键【X】，快速取消片段中所有选区；或选择单个选区，使用快捷键【Option+X】取消单个选区。使用片段评价后，即使不小心误删选区，所选片段区域仍然可以看到，如图3-26所示。

图3-26

提示： 区域重复播放功能。

编辑过程中，会对某些关键段落反复打磨。这其中会因为时间线的长度的增加，而苦于寻找播放位置。

在这里给大家推荐一个好的方法。使用"范围选择工具"，在时间线中建立需要重复播放的区域，如图3-27所示。

图3-27

按快捷键【、】，会发现时间检索线从选区的首帧位置开始播放，然后在选区的结尾处暂停。暂停后，如果想继续向下播放视频，可按空格键进行继续播放；如果还想再看一遍选区内容，可再按快捷键【、】，视频又开始从选区首帧位置开始播放。

（5）"切割工具"，快捷键为【B】

"切割工具"是编辑软件中最常见的工具。按快捷键【B】，然后在相应的视频处单击鼠标左键，就完成了片段的剪切，如图3-28所示。

图3-28

（6）"缩放工具"，快捷键为【Z】

剪辑工作是一个段落一个段落进行的，所以会经常放大或缩小时间线，以完成对时间线上某个部分的操作。

FCPX提供除了传统的使用快捷键【Command+ -/ +（加减号）】来进行放大和缩小之外的操作方法。

按快捷键【Z】，会发现光标在时间线区域变成放大镜的形状，单击鼠标左键会发现时间线放大了一个级别；按住【Option】键不放，单击鼠标左键，会发现时间线缩小了一个级别。

▶ **实例——缩放工具的强大功能**

STEP 01 按住鼠标左键不放，光标从段落"PA0A0963"向左滑动到片段"PA0A1049"，如图3-29所示。

图3-29

STEP 02 将会发现，这4个片段会充满整个时间线，这是"缩放工具"带来的区域放大功能。

提示： 全部显示时间线。

当进行较长长度的影片剪辑时，经常会因为时间过长，而无法准确找到需要操作的影片位置，在这里推荐一个简单的办法。

使用快捷键【Shift+Z】，此时时间线区域会显示整条时间线的内容。在这样的基础上使用软件提供的区域放大功能，选择想要放大的区域。仅需两个动作就能够快速进入想要编辑的区域，大大提高了编辑效率。

（7）"抓手工具"，快捷键为【H】

"抓手工具"对于经常使用PS、CAD等制图软件的人来说并不陌生。在编辑工作中，往往能通过鼠标滚轮来完成时间线上下区域的操作。对于左右可能就会有点麻烦，"抓手工具"就能很好地解决这个问题。

按快捷键【H】会发现光标在时间线区域变成了一个手的标志，按住鼠标左键不放，上下左右移动光标，可以非常轻松地查看时间线的各个位置。

3.3　文件属性及运动参数

　　首先，在"第三章"资源库中建立新的事件"3.3"。与此同时，运用上一章所学习的方法，将事件"3.2"中的工程文件"3.2"复制到新建事件"3.3"中，并将复制过来的工程文件"3.2"重命名为"3.3"。

　　在这个小节中，将详细介绍对于单个视频文件进行修改的相关参数，为接下来的运动章节打下基础。

　　现以片段"PA0A1049"为例进行讲解。

STEP 01 选择时间线末端的片段"PA0A1049"。

STEP 02 如果检查器没有打开，使用快捷键【Command + 4】打开检查器窗口。此时，检查器窗口显示的是片段"PA0A1049"的相关信息，如图3-30所示。

图3-30

STEP 03 单击"信息"这一栏，会显示本片段的时长、分辨率、制式等相关信息。这里面会有角色分配的部分，但会放到输出的章节进行讲解，如图3-31所示。

图3-31

提示： *优先场及摄像机的色彩添加。*

STEP 01 这里需要给大家介绍这样一部分功能。单击检查器窗口左下方"扩展"处，在打开的下拉菜单中选择"设置"，如图3-32所示。

STEP 02 会发现检查器中的内容有所改变，展开"优先场覆盖"旁边的菜单，在这个地方可以选择优先场，如图3-33所示。

图3-32　　　　　　　图3-33

STEP 03 展开"日志处理"旁边的菜单，在这个地方会惊奇地发现，有很多现下主流摄像机的色彩方案。可以根据调色及客户需要在这一步选择合适机型的色彩解决方案，如图3-34所示。

图3-34

STEP 04 再单击检查器"视频"这一栏，将"变换"这一栏展开，可以在这一栏中直接输入数字，对视频进行相应参数调整。与此类似，还可以继续展开"裁剪""变形"等，对本段视频进行相应参数的修改，如图3-35所示。

图3-35

STEP 05 在视频这一栏的最下方，需要特别介绍的是"复合"这个选项。展开这个选项中"混合模式"的菜单，这里有各种混合模式，在以后的工作中是非常重要的，如图3-36所示。

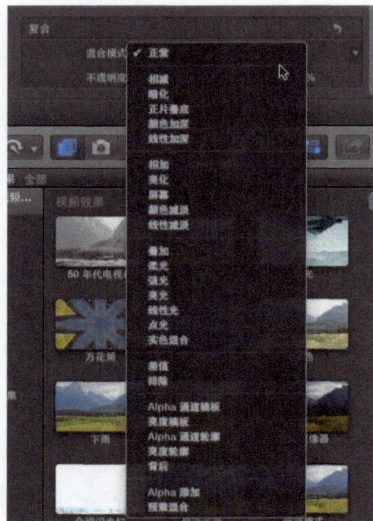

图3-36

3.4　使用关键帧改变运动参数制作动画

后期编辑是对前期素材的二次创作，在后期制作中不仅要将镜头排列组合到一起，还要尽可能地巧妙弥补拍摄中的不足。

在这节中就学习一下，如何利用修改运动参数来进行画面的弥补工作。

首先，在"第三章"资源库中建立新的事件"3.4"。与此同时，运用上一章所学习的方法。将事件"3.3"中的工程文件"3.3"复制到新建事件"3.4"中，并将复制过来的工程文件"3.3"重命名为"3.4"。

从头再观看一下工程文件"3.4"中的视频，利用上面所学的知识，将视频的节奏做进一步的修改。

将画面节奏调整合适后，会发现这组镜头中的第一个片段"PA0A1107"，画面太过死板；最后一个片段"PA0A1049"的构图有些问题，画面主体太过向上，那么接下来根据这些情况进行一些调整。

修改片段的思路是，利用关键帧动画，为第一个片段"PA0A1107"做一个缓推的动画；利用画面运动的过程，将片段"PA0A1049"进行放大，并重新构图。

3.4.1　在检查器中设置关键帧

STEP 01 利用选择工具选择第一个片段"PA0A1107"，将时间检索线放到片段的开头，如图3-37所示。

图3-37

STEP 02 在检查器中，将"变换"选项展开，如图3-38所示。

图3-38

STEP 03 保持时间检索线在片段"PA0A1107"的开头处，然后单击"变换"→"缩放"处的添加关键帧，添加后的关键帧会变成黄色，如图3-39所示。

图3-39

STEP 04 选择视频片段"PA0A1107"，将时间检索线移动到片段"PA0A1107"的尾部，如图3-40所示。

图3-40

STEP 05 在检查器中，将光标放到"变换"→"缩放"处；然后单击数字"100%"处，输入数字"108"按【Return】键，会发现关键帧变成黄色。说明这个视频片段的末帧已经添加上了关键帧，如图3-41所示。

图3-41

STEP 06 将磁性工作线中的时间检索线放到视频片段"PA0A1107"开头处，然后播放本片段，会感觉视频片段正在缓缓向前推进，这样就已经完成本片段从100%到108%的放大。

3.4.2　在画布中设置关键帧

STEP 01 利用选择工具选择第一个片段"PA0A1049"，将时间检索线放到片段的开头，如图3-42所示。

图3-42

STEP 02 在画布中，单击画布左下角的倒三角处，在展开的下拉菜单里选择"变换"的选项，如图3-43所示。

STEP 03 单击"变换"后，画布中的视频会出现一个8个点画框，因为需要将画面放大的比例会较大，所以先将片段的起始帧进行一部分放大。

　　选择其中一个角，单击鼠标左键不放，缓缓向外滑动鼠标，视频就会被慢慢放大，如图3-44所示。

图3-43　　　　　　　图3-44

STEP 04 会发现此时检查器中，"变换"这一栏中的4个分选项都已添加上了关键帧，如图3-45所示。

图3-45

STEP 05 将时间检索线移动到片段"PA0A1049"的最后一帧处，如图3-46所示。

图3-46

STEP 06 在画布中，再确定一下画面末帧位置关键帧设置。此时，对画面进行细微的放大处理；然后在画布中的随意位置按住鼠标左键不放，左右滑动鼠标。因为视频已被放大，所以可以选择认为合适的构图来调整画面位置。

STEP 07 在第4步的操作中，将"变换"中的4个选项都已打好关键帧；画面其他位置的放大、位移的运动处理后，软件将会在新的位置上自动建立关键帧，如图3-47所示。

图3-47

提示： 变换、裁剪、变形【Shift+T、Shift+C、Option+D】。

STEP 08 在画布的左下端，能够展开一个下拉菜单，其中包含"变换、裁剪、变形"3种操作模式。在画布中设置关键帧，前面已经介绍了关于"变形"选项的应用，接下来再简单介绍一下其他两个选项的作用，如图3-48所示。

图3-48

▶ **实例——裁剪练习**

STEP 01 单击下拉菜单中的"裁剪"选项，发现画布正中间的下部会出现3个选项，如图3-49所示。

图3-49

STEP 02 单击"修剪"选项后，画布中会显示一个与视频原画相当的修剪边框，如图3-50所示。

图3-50

STEP 03 按住鼠标左键，任意拖动一角，就会完成对画面的修剪；如果按住【Option】键，再按住鼠标左键，拖动其中一角，会以对称的方式修剪画面，如图3-51所示。

图3-51

STEP 04 使用快捷键【Command+Z】恢复上一步的操作，单击"裁剪"→"裁剪"，如图3-52所示。

图3-52

STEP 05 此时，画面中出现的一个与画布相同大小的裁剪边框（即使原画超过画布大小），如图3-53所示。

图3-53

STEP 06 按住鼠标左键，任意拖动一角，就会完成对画面的裁剪（画框的宽高比不可改变）；如果按住【Option】键，再按住鼠标左键，拖动其中一角，会以中心对称的方式裁剪画面，如图3-54所示。

图3-54

STEP 07 被选择的裁剪边框，可以随机挪动位置；然后单击画布窗口右上角位置的"完成"按钮，裁剪边框里的内容便会充满画布，如图3-55所示。

图3-55

STEP 08 按快捷键【Command+Z】恢复上一步的操作，选择片段"PA0A0965"，单击"裁剪"→"Ken Burns"，如图3-56所示。

图3-56

STEP 09 画布中会出现"开始""结束"两个边框，如图3-57所示。

图3-57

STEP 10 调整"开始""结束"两个边框的位置与大小，可以让效果更加突出，将"开始"与"结束"的差距拉大一些，如图3-58所示。

图3-58

STEP 11 此时，单击"完成"按钮，本视频片段就完成了第一帧"开始"边框的关键帧设置，以及最末帧"结束"边框的关键帧设置，播放片段观察效果。

STEP 12 单击"检查器"窗口中"裁剪"选项最右边的箭头，还原对本片段"裁剪"的所有操作，如图3-59所示。

图3-59

▶ **实例——变形练习**

STEP 01 单击画布窗口左下角的下拉菜单，选择"变形"选项，如图3-60所示。

图3-60

STEP 02 画布中会得到一个与原视频相同大小的"变形"边框，任意拖动一点，画面会发生相应的变形，如图3-61所示。

图3-61

STEP 03 利用【Command+Z】快捷组合键或单击检查器中"变形"还原键，可以将本片段视频恢复到原始状态。

3.4.3 在时间线中控制关键帧

通过前面两个小节，我们已经学会了在检查器、画布中设置关键帧。本节将介绍在时间线中如何控制关键帧及相应的操作。

STEP 01 首先，选择片段"PA0A1049"，单击鼠标右键，会弹出一个菜单，如图3-62所示。

图3-62

STEP 02 选择弹出菜单中的"显示视频动画"选项或按快捷键【Control+V】，此时，发现视频片段向上展开，如图3-63所示。

图3-63

STEP 03 播放视频片段"PA0A1049"，发现整个关键帧运动太慢，缩短这段运动时间，效果会更好。

选择片段后面的关键帧，然后按住鼠标左键将后一个关键帧向前拖动，如图3-64所示。

图3-64

STEP 04 播放修改后的画面，就已经完成了在时间线中对关键帧的控制。当然，与此相同，其他关键帧位置也可在时间线上控制。

3.5 修剪片段开始点和结束点

在编辑工作中，最常使用的一种操作就是剪掉片段多余的头和尾，一般在其他的剪辑软件中，要完成这一动作，至少需要两步以上的操作，在FCPX中这个操作简单得多。

STEP 01 随便选择一个片段放到时间线上，如图3-65所示。

图3-65

STEP 02 将时间检索线放到视频片段的开始位置，按快捷键【Option+【】或单击任务栏中的"修剪"→"修剪开头"，会发现片段的开头已经被移动到时间检索线处，如图3-66所示。

图3-66

STEP 03 与此相同，还可以试一下片尾的修剪工作。

► **实例——修剪剪辑点**

不但可以缩短"开头"和"结尾"的编辑点，也可以加长编辑点。

STEP 01 单击片段结尾处的编辑点，然后将时间检索线移动到结尾处的前后任意位置。（不要超过片段的原始长短），如图3-67所示。

图3-67

STEP 02 按快捷键【Shift+X】或单击任务栏中的"修剪"→"延长编辑"，片段的结尾便会到达时间检索线的位置，如图3-68所示。

图3-68

3.6 速度控制

FCPX提供了强大的速度控制系统，而且在操作上比上一版本FCP 7便捷很多，在本节里，先介绍速度控制的最基本应用。

首先，在"第三章"资源库中建立新的事件"3.6"。与此同时，运用上一章所学习的方法，将事件"3.4"中的工程文件"3.4"复制到新建事件"3.6"中，并将复制过来的工程文件"3.4"重命名为"3.6"。

► **实例——速度控制的最基本应用**

STEP 01 在"3.6"的时间线中，根据音乐的节奏，增加几个画面。

> **提示：** 标记点的实践：在剪辑带有背景音乐的片段时，通常会根据音乐的节奏点来进行剪辑，当然也不是完全将剪辑点与音乐的节奏点对齐；有时音乐的节奏点也是画面的高潮点；有时也会刻意回避音乐的节奏点。那么就利用上面所学的标记点功能，给音乐的节奏点做标记，为剪辑提供参照，如图3-69所示。

图3-69

STEP 02 经过修改，现在这个段落有几个音乐点已经与剪辑点对齐，整个片段的节奏还算可以。但是，会感觉到个别片段不太舒服。原因出在哪里呢？其实，在这个类似于MV的片段剪辑中，有些画面的速度会做适当的后期速度慢放处理；伴随着升格摄像机的普及，有条件的摄制组还会在前期拍摄时就使用升格拍摄，这样做的主要目的在于，慢放的镜头画面情绪上更具张力。

现在利用FCPX强大的速度功能，对这个片段进行改进。

选择片段"PA0A1107"，单击软件右部"重新定时"→"自定..."选项，或使用快捷键【Control+Option+R】，如图3-70所示。

图3-70

STEP 03 此时，会发现片段上方出现一个对话框，可以在这个地方选择很多种速度方式，包括正、反速度及精确的时长。

在这里将速度设置为80%，一般而言慢放到这个速率视觉感受会比较舒服一些，当然这也要视具体情况而言，如图3-71所示。

图3-71

STEP 04 发现片段 "PA0A1107" 顶部的绿色条变成黄色条；并由原来 "100%" 的字样变为现在的 "80%"。与此同时，片段还加长了一段，如图3-72所示。

图3-72

STEP 05 使用快捷键【Control+R】展开视频动画，动画会随着片段的慢放而加长，而且上面所做的关键帧动画也加长了。为了不影响片段的节奏，只放慢这个片段，并保持片段的长度与关键帧动画的速率不变。所以选中片段末尾的关键帧，将其移动到片段 "PA0A0963" 起始帧的位置，如图3-73所示。

STEP 06 保持片段 "PA0A1107" 处在被选中的状态，并将时间检索线放置在片段 "PA0A0963" 的开头位置。修剪片段的结束点或使用快捷键【Option+】】，如图3-74所示。

STEP 07 播放已修改速度的片段。如果电脑配置不高的话，可能会出现丢帧的问题或卡顿的情况，出现这种情况时可以选择渲染这部分视频片段，快捷键为【Control+R】。

图3-73

图3-74

提示： 速度工具的其他用法。

FCPX为大家提供了强大的速度管理功能，还可以尝试菜单中的其他功能，在这里提示几点。

❶ 已经做变速处理的片段，迅速恢复常速，可使用快捷键【Shift+N】和【Option + Command +R】。

❷ 使用速度工具处理的片段，如果画面流畅，可以尝试视频质量中 "帧融合" "光流" 等选项，如图3-75所示。

图3-75

3.7 使用试演

试演功能是FCPX创造性的一个功能。如果习惯使用这个功能，特别是在时长较短的广告片或是素材量较大的纪录片中，它会在很大程度上提升你的工作效率。

试演功能的强大之处在于很巧妙地节省CPU资源，可以将多个片段放到同一位置上同时保持时间线的整洁，而且可以给导演或客户便捷地提供多种剪辑方案。

▶ 实例——试演功能的练习

首先，在"第三章"资源库中建立新的事件"3.7"，与此同时，运用上一章所学习的方法，将事件"3.6"中的工程文件"3.6"复制到新建事件"3.7"中，并将复制过来的工程文件"3.6"重命名为"3.7"。

STEP 01 观察时间线中的片段"MI1A8503"，这个片段与上一个片段是属于不同场景中的片段，现在可以考虑换另外一个场景来衔接片段"MI1A8119"，从而改变剪辑的结构。

在这种情况下，试演就是一个很好的功能，下面来尝试一下，如图3-76所示。

图3-76

STEP 02 在素材中找到片段"MI1A7791"，这个片段与骑车片段都属于全景，都比较适合与片段"MI1A8119"来做衔接。

在事件"3.7"中，选择片段"MI1A7791"，并选择此片段中有用的部分做好出入点，按住【Command】键选择片段"MI1A8503"。此时，已经同时选中了这两个片段，在任意片段中单击鼠标右键弹出对话框，选择"创建试演"选项，快捷键为【Command+Y】，如图3-77所示。

图3-77

STEP 03 此时，发现在事件"3.7"中出现了一个新的片段，只不过这个片段左上角多了一个特殊的图标，将新片段放到时间线中，片段"MI1A8503"之上，如图3-78所示。

图3-78

▶ 实例——其他方法建立试演片段

因为时间线中已经存在片段"MI1A8503"，可以尝试其他方法建立试验片段。

STEP 01 在事件"3.7"中，选择片段"MI1A7791"，并选择此片段中有用的部分做好出入点。

STEP 02 将片段"MI1A7791"选中的部分，按住鼠标左键不放拖曳到时间线片段"MI1A8503"上，时间线上的片段会出现下图所示的状态，如图3-79所示。

图3-79

STEP 03 松开鼠标左键，发现时间线上出现一个下拉菜单，选择"添加到试演"。当然也可以尝试选择"替换"或其他功能，片段也会被替换为所选择的片段，如图3-80所示。

图3-80

STEP 04 现在时间线上就有两个相同的试演片段，从外观上来看这两个片段似乎不一样，接下来会发现其实这两个片段是一样的，如图3-81所示。

图3-81

STEP 05 选择时间线中下方的试演片段，单击鼠标右键，在下拉菜单中选择"试演"，选择"打开试演"，快捷键为【Y】，如图3-82所示。

图3-82

STEP 06 下方的试演片段会弹出下图所示的对话框，用鼠标单击对话框中右边的视频片段，单击对话框右下方的"完成"按钮，如图3-83所示。

图3-83

STEP 07 发现时间线中的两个试演片段变得一模一样了，其实刚才就是两个试演片段，所展示的是同一位置的不同内容，如图3-84所示。

图3-84

▶ 实例——其他方法改变试演片段

还可以通过鼠标右键选择试演片段，选择"试演"→"下一次挑选"，或按快捷键【Control+Option + 左右箭头】，来完成试演片段中片段的转换，如图3-85所示。

图3-85

STEP 01 在多次挑选后，最终选择片段"MI1A7791"作为衔接镜头。可在试演片段处在显示片段"MI1A7791"时，单击鼠标右键选择"试演"→"完成试演"或按快捷键【Option+Shift+Y】，如图3-86所示。

STEP 02 此时，就完成从建立试演片段、到方便切换试演片段、再到确定片段后解除试演片段的过程。

图3-86

希望能学会使用这种全新的操作方式，从而提升工作效率，如图3-87所示。

图3-87

3.8　使用次级故事情节

使用FCPX这个全新的剪辑软件后，也许已经被它全新的操作思路所打动，并开始全新的工作方式；对许多从FCP7转到新平台上来的老手而言，一时的不适应是不可避免的。接下来将要介绍的次级故事情节的编辑方式，在一定程度上类似于FCP7中的"绑组"。

在上面的小节中，已经学过"连接"这种快捷的编辑方式。与此同时在编辑工作中，可能还需要将多个连接的片段变成一个整体。例如，已经组接了一个小的场景片段，并且希望它们是一体的，可以随时整体挪动它们。此时，就需要创建一个次级故事情节。

一个次级故事情节可以将若干连接的片段合成为一个组，这样它们就被捆绑到一起，具备同一个连接线，整个组统一地连接到主故事情节的某一个片段上。

需要提示的是：次级故事情节也是一个带有磁性的片段组。

接下来学习如何制作常见的次级故事情节。

▶ 实例——制作常见的次级故事情节

首先，在"第三章"资源库中建立新的事件"3.8"。与此同时，运用上一章所学习的方法，将事件"3.7"中的工程文件"3.7"复制到新建事件"3.8"中，并将复制过来的工程文件"3.7"重命名为"3.8"。

STEP 01 在素材库中，发现有一组女生穿韩服的镜头。接下来就使用这组镜头来完成 "使用次级故事情节"的章节学习，如图3-88所示。

图3-88

回到时间线上，发现片段"MI1A7791"跟上一个片段是一个过渡，使娱乐场的片段过渡到接下来韩服的这个片段。

STEP 02 次级故事情节，顾名思义它最终还是需要附着在主故事情节上。先将女生穿韩服这个片段组的首个片段"MI1A7791"，放置到片段现在所处位置的正下方的主磁性工作线上。

选中片段"MI1A7791"，单击鼠标右键，在下拉菜单中选择"覆盖至主要故事情节"，快捷键为【Option+Command+↓】，现在片段就被放置到主故事情节上了，如图3-89所示。

图3-89

STEP 03 根据上面章节所学习的内容，在资源库中对女生穿韩服这个场景镜头进行选择，并对相应片段打上出入点。

提示： 建立关键帧的快捷键为【I】、【O】；

通过限制原素材，将素材放到时间线上时只取视频部分，快捷键为【Shift+2】；

将片段连接到主要故事情节上，快捷键为【Q】。

现在将选择的片段部分，连接到时间线主要故事情节上，如图3-90所示。

图3-90

STEP 04 按住鼠标左键，拖曳一个矩形选择框，选中时间线上的几个次级片段，如图3-91所示。

图3-91

STEP 05 在任务栏中，单击"片段"→"创建故事情节"，快捷键为【Command+G】，如图3-92所示。

图3-92

现在，所框选的片段就已经组合为一个次级故事情节了，如图3-93所示。

图3-93

STEP 06 可以尝试在次级故事片段中调整画面顺序，发现它也是一条具有磁性的工作线，如图3-94所示。

图3-94

单击这个次级故事片段的外部框，发现它是一个整体，随意左右挪动它也会整体挪动，如图3-95所示。

图3-95

单击选中片段"MI1A7791"，可以在主故事情节上改变本片段所处的位置。与此同时，本片段上所连接的次级故事情节也会整体跟随片段"MI1A7791"一起挪动，这样就会完成一组镜头的捆绑，如图3-96所示。

图3-96

提示： *如何分开或插入次级故事情节中的片段。*

虽然次级故事情节很实用，但在编辑中会经常不断修改，那这就会涉及分开次级故事情节的问题。

▶ **实例——将次级故事情节整体分离**
STEP 01 首先，选中已经建立的次级故事情节的外边框，如图3-97所示。

图3-97

STEP 02 选择任务栏中的"片段"→"将片段项分开"，快捷键为【Shift+Command+G】，如图3-98所示。

图3-98

STEP 03 现在就将这个次级故事情节整体拆分开了，如图3-99所示。

图3-99

▶ **实例——将次级故事情节部分片段分离**
STEP 01 接下来按快捷键【Command+Z】，恢复上一步任务。现在，尝试将单个视频从故事情节中拆分开。

当觉得次级故事情节中的片段过多，想要移除一些时，只需要单击选中这个片段，然后将片段重新连接到主故事情节上，如图3-100所示。

图3-100

这时，次级故事情节后面的视频，会自动向前填上移除视频的空隙。当然，如果想要增加次级故事情节中的视频片段，只需要将视频片段直接放置到次级故事情节中相应的位置，如图3-101所示。

图3-101

STEP 02 接下来按快捷键【Command + Z】，恢复上一步任务。尝试用其他方法拆分次级故事情节中的片段。

单击时间线左上角的工具栏的倒三角按钮，选择"位置"工具，快捷键为【P】，如图3-102所示。

图3-102

STEP 03 再次尝试着将次级故事情节中的"R91A9481"片段移出来，如图3-103所示。

图3-103

STEP 04 与选择工具移除片段不同的是，发现被移出片段在次级故事情节中的位置处，有一个空隙被放到了移出片段的位置上，如图3-104所示。

图3-104

STEP 05 接下来按快捷键【Command+Z】，恢复上一步任务。尝试用其他方法拆分次级故事情节中的片段。

在次级故事情节中选中片段"R91A9481"，在任务栏中选择"编辑"→"从故事情节中提取"，或按快捷键【Option+Command+↑】，会发现移出片段"R91A9481"的效果与"位置工具"移出的效果是一样的，如图3-105所示。

图3-105

STEP 06 接下来按快捷键【Command+Z】，恢复上一步任务。在次级故事情节中选中片段"R91A9481"，如图3-106所示。

图3-106

STEP 07 在任务栏中选择"编辑"→"覆盖至主要故事情节"，或使用快捷键【Option+ Command+↓】，如图3-107所示。

发现片段"R91A9481"已经被覆盖到下方相应的主故事情节上。

图3-107

STEP 08 如果想将次级故事情节中的片段彻底删除，可以选择相应的片段，按快捷键【Delete】，这时发现片段在次级故事情节中就被彻底删除了，后面的片段会自动跟上；如果使用快捷键【Delete+Fn】，发现片段被从次级故事情节中删除后，在原位上还留下一个相同长度的空隙。

STEP 09 按快捷键【Command+Z】，恢复上一步任务，并将工具切换回选择工具【A】。准备进行下一节内容的学习。

3.9 使用复合片段

在编辑工作中，经常为了丰富视听语言，而使得时间线上的同一个区域会出现很多层的视频和音频。与此同时，也会给操作带来很大不便，经常性的错误操作，杂乱无章的时间线会扰乱创作思维。此时，通过复合片段就可以解决这些问题。

何为复合片段？如果接触过FCP7的话，可以把它理解为嵌套。就是将一个区域上的音频片段、视频片段、复合片段重新组合成一个新的片段。新的片段只有一层，当然这并非破坏性地将这些音视频融合在一起。在创建的复合片段内，还可以继续修改片段内容，抑或是将其重新拆分，恢复其为原始状态。

复合片段并非单纯地将时间线变得整洁。针对一个复合片段，可以一次性地、整体地施加一个单独的效果，或者将两个叠加的音频片段，组合成一个音频片段放置在时间线中。

为了使大家循序渐进地理解复合片段，会将一些高级的使用方法挪到下一节进行讲解。

首先，在"第三章"资源库中建立新的事件"3.9"。与此同时，运用上一章所学习的方法，将事件"3.8"中的工程文件"3.8"复制到新建事件"3.9"中，并将复制过来的工程文件"3.8"重命名为"3.9"。

▶ **实例——创建复合片段**

STEP 01 还是以穿韩服这个场景为例，现在这个场景是连接在一个过渡镜头上，在时间线上显示的有两层。那么，就将这个过渡镜头和穿韩服的镜头组创建为一个复合片段。

首先，按住鼠标左键，拖曳一个矩形选择框，框选中时间线上的过渡镜头和穿韩服的镜头组，如图3-108所示。

图3-108

STEP 02 单击任务栏"文件"→"新建"→"复合片段"，或使用快捷键【Option+G】，如图3-109所示。

图3-109

STEP 03 在软件最上方会弹出一个对话框，在对话框中可以为新建的复合片段命名，同时也可以选择把它放到哪个事件中去。在这里给新的复合片段命名为"3.9 复合片段"，然后单击"好"按钮，如图3-110所示。

图3-110

STEP 04 现在就完成了一个新的复合片段的建立。发现在时间线上框选的区域变成了一个新的完整的视频片段，如图3-111所示。

图3-111

STEP 05 与此同时，还会发现在事件"3.9"中也出现了一个名为"3.9 复合片段"的新片段，如图3-112所示。

图3-112

STEP 06 可能在创建复合片段后，感觉对这个片段的编辑还有些不满意的地方，需要再次修改这个片段，又担心无法修改。没关系，所创建的复合片段并非破坏性地将这个视频片段重新生成了一个片段，而只是将这一区域的音视频类似重建了一个工程文件放到了现有的时间线上。新的复合片段，将继承当前时间线中的帧尺寸和帧速率。

选中新建的复合片段，然后双击鼠标左键。发现时间线会更新，在一个新的时间线中显示复合片段的内容。可以像编辑其他时间线上的视频一样来编辑这个片段，只要时间线中的视频发生变化，那么复合片段所在的时间线也会发生相应的变化，如图3-113所示。

图3-113

STEP 07 当在复合片段的时间线中修改完成这个片段后，可以单击时间线左上角箭头标志回到"3.9"的项目时间线上，或使用快捷键【Command+[】，如图3-114所示。

图3-114

提示：在建立好的复合片段上，如果想要加长这个片段，会发现片段的开头与结尾都无法拖曳出更多。虽然复合片段的开头与结尾片段的原始素材都有多余的部分，如果想加长开头结尾片段的长度只能从复合片段中修改加长，如图3-115所示。

图3-115

▶ 实例——拆分复合片段

在编辑工作中，有时要将新建的复合片段进行大幅度修改编辑，所以就需要将新建的复合片段进行拆分。

STEP 01 单击选中时间线上"3.9 复合片段"的复合片段，如图3-116所示。

图3-116

STEP 02 在任务栏中选择"片段"→"将片段项分开"命令，或按快捷键【Shift+Command+G】，如图3-117所示。

图3-117

STEP 03 发现时间线上的复合片段被展开为原貌，与此同时，事件中的复合片段还在，可以随时重新调用这个复合片段，如图3-118所示。

图3-118

现在已经完成了本章的学习，并且可以利用在这个章节中学习的内容，进行一些简单的剪辑尝试，接下来的章节中还将继续学习FCPX中更加强大的功能。

第**4**章

更上一层楼——
高级剪辑

一个匠人对技艺的追求是永无止境的，作为一个剪辑师亦是如此，所有的作品都是有瑕疵的，对完美的追求都是永无止境的。因此，对于技术及艺术的学习也应该坚持不懈。

在本章中，根据FCPX原有的高级编辑方式，结合长时间运用软件所获得的一些经验，为大家介绍一些高级编辑的方法及技巧。

4.1 工具的高级应用

粗剪工作只是剪辑工作的初级步骤，要想真正完成一个精品需要非常细致的工作，要修改作品中细微的地方。要完成这样细致以及烦琐的工作，必须要找到更多的便捷方式，来减轻我们的工作量。

在这个小节的学习里，会介绍一些更深层次的工具应用，有些方法会使复杂的操作变得便捷，有些方法会带来全新的剪辑方式。

首先，建立一个名为"第四章"的资源库，将资源库"第三章"中的事件"3.9"复制到资源库"第四章"中，然后将复制过来的事件重命名为"4.1"，并将事件"4.1"中的工程文件也重命名为"4.1"。删除新建资源库中默认建立的其他事件（每个资源库中至少需要一个事件），如图4-1所示。

图4-1

4.1.1 切割工具的高级应用

切割，无疑是在剪辑工作中使用频率最高的一个工具，在上面的章节中已经学到按快捷键【B】切换至剪切工具，接下来将更深一步地了解剪切功能，以及其他的编辑方式。

▶ 实例——利用快捷键切割

在本书中，一直强调快捷键的使用，在编辑工作中能用键盘解决的事情尽量不用鼠标去解决，虽然键盘的操作是死板的，但与此同时键盘的操作也是精准的。那么接下来为大家介绍利用快捷键剪辑片段。

STEP 01 在资源库中，选择片段"PA0A0965"，将时间检索线放置到时间线最后一片段后，使用快捷键【Q】将片段放置到时间线上。现在以片段"PA0A0965"为例，学习用快捷键剪辑，如图4-2所示。

图4-2

STEP 02 现在片段"PA0A0965"已经在时间线上，并且已经连接到主故事情节上，此时保持不选中时间线上任何片段的状态，如图4-3所示。

图4-3

单击软件任务栏中的"修剪"→"切割"命令，或按快捷键【Command+B】，如图4-4所示。

图4-4

STEP 03 此时，移开时间检索线，发现在时间线中任意一处，如果不选择片段则按快捷键【Command+B】，那么软件自动默认只剪切时间检索线当前位置的主故事情节上的片段。按快捷键【Command+Z】，恢复上一步操作，如图4-5所示。

图4-5

STEP 04 选中时间线上的片段"PA0A0965"，单击软件任务栏中的"修剪"→"切割"命令，或按快捷键【Command+B】，如图4-6所示。

图4-6

STEP 05 移开时间检索线，发现在时间线中片段"PA0A0965"已被剪切开，如果在时间线中选中片段，此时使用剪切快捷键，那么被选中片段就会被剪切，如图4-7所示。

图4-7

STEP 06 按快捷键【Command+Z】，恢复上一步操作。按住鼠标左键，框选中时间线中片段"PA0A0965"、主故事情节以及下方的音频片段，单击软件任务栏中的"修剪"→"切割"命令，或按快捷键【Command+B】，如图4-8所示。

图4-8

STEP 07 移开时间检索线，发现在时间线中所有被选中的片段被全部剪切开。如果在时间线中同时选中多个片段（所选择部分在时间检索线位置上），此时使用剪切快捷键，那么被选中片段就会被全部剪切开，如图4-9所示。

图4-9

STEP 08 按快捷键【Command+Z】，恢复上一步操作。保持时间检索线位置不变，单击软件任务栏中的"修剪"→"全部切割"命令，或按快捷键【Shift + Command+B】，如图4-10所示。

图4-10

STEP 09 移开时间检索线，发现在时间线中所有处在时间检索线上的片段都被剪切开了。如果要将时间检索线上所有的片段全部剪切开，可以按快捷键【Shift+Command+B】，如图4-11所示。

图4-11

▶ **实例——合并误剪的同一片段**

面对复杂的剪辑工程，操作失误几乎是不可避免的。往往当发现误操作时，已经进行了好多步的操作，恢复前几步的操作又会使你感到劳神，这其中有的误操作可以不用通过恢复前几步操作，就可以完美解决。接下来以片段"PA0A0965"为例，解决"合并误剪的同一片段"的问题。

这里介绍两种方法，将本片段重新组合到一起。

STEP 01 选中片段"PA0A0965"，并在片段的任意处将其剪切开来，如图4-12所示。

图4-12

STEP 02 选中片段"PA0A0965"的后半截的开头处，当光标变成修剪工具 的时候，将后半截片段的开头部分拖至前半部分的开始位置，如图4-13所示。

图4-13

STEP 03 将上半部分删除，就可以恢复原片段在时间线中的长度，如图4-14所示。

STEP 04 按快捷键【Command+Z】，将操作恢复到第一步，片段"PA0A0965"剪切开的状态。利用之前学过的创建次级故事情节的方法，按快捷键【Command+G】，将误剪的片段"PA0A0965"组成一个次级故事情节，如图4-15所示。

图4-14

图4-15

STEP 05 这时，片段"PA0A0965"在次级故事情节中，被剪切的地方显示为虚线（如果片段位于主故事情节中，同一片段的剪切也会显示虚线）。按快捷键【T】将工具切换为修剪工具，将同一片段的剪切点单击选中，如图4-16所示。

图4-16

STEP 06 按快捷键【Delete】，此时片段"PA0A0965"就从误删部分重新黏合到一起了，如图4-17所示。

图4-17

4.1.2　位移工具的高级应用

在剪辑工作中，有很多时候画面间仅差几帧就会产生"失之毫厘，谬以千里"的结果。接下来这个小节中，向大家介绍几种位移片段的方法，来实现剪辑的精准操作。

▶ **实例——移动次级故事情节上的单个片段**

STEP 01　单击鼠标左键，选中时间线中的片段"MI1A8119"，如图4-18所示。

图4-18

STEP 02 单击软件任务栏中的"修剪"→"向左挪动"命令，或按快捷键【,】，如图4-19所示。

图4-19

STEP 03 片段"MI1A8119"整体向左移动了一帧，如图4-20所示。

图4-20

STEP 04 单击软件任务栏中的"修剪"→"向右挪动"命令，或按快捷键【.】，如图4-21所示。

图4-21

STEP 05 此时，片段"MI1A8119"向右整体移动了一帧，又恢复到原来的位置，如图4-22所示。

图4-22

▶ **实例——移动主故事情节上的单个片段**

在实际工作中，有很多时候片段是位于主故事磁性工作线上的。接下来介绍，不同工具在磁性工作线中的作用。

STEP 01 在时间线中选中片段"PA0A1049"，如图4-23所示。

图4-23

STEP 02 确定鼠标当前使用的是"选择"工具，如图4-24所示。

STEP 03 单击软件任务栏中的"修剪"→"向左挪动"命令，或按快捷键【,】，如图4-25所示。

图4-24   图4-25

STEP 04 此时，片段"PA0A1049"前面的片段"PA0A1052"的末帧向外增加了一帧，与此同时，片段"PA0A1049"整体向前移动了一帧，并将后面的空隙片段覆盖了一帧，整个视频片段的总时长并没有发生改变，如图4-26所示。

图4-26

使用撤销快捷键【Command+Z】，撤销上一步的操作，使片段恢复到原来的位置状态。

STEP 05 下面切换一下工具。单击时间线左上方的工具栏，选择"位置"工具，如图4-27所示。

STEP 06 单击软件任务栏中的"修剪"→"向左挪动"命令，或按快捷键【,】，如图4-28所示。

图4-27   图4-28

STEP 07 这时，片段"PA0A1049"的首帧与前面的片段"PA0A1052"的末帧间出现了一帧空隙，与此同时，片段"PA0A1049"整体向前移动了一帧，并将后面的空隙片段覆盖了一帧，整个视频片段的总时长并没有发生改变。可以看到，在不同工具下按快捷键挪动单帧的效果是不一样的，如图4-29所示。

图4-29

4.1.3 修剪工具的高级应用

FCPX是一个让人脑洞大开的软件，使用不同的工具，会带来很多意想不到的便捷，让工作中充满意外的惊喜。这个部分学习使用"修剪工具"来修改片段所带来的便捷。

▶ **实例——使用"修剪"工具进行滑移式编辑**

STEP 01 单击时间线左上方的工具栏，选择"修剪"工具，如图4-30所示。

图4-30

STEP 02 确定光标当前使用的是"修剪"工具，然后单击片段"PA0A1052"，这时片段两端编辑点被选中，如图4-31所示。

图4-31

STEP 03 单击软件任务栏中的"修剪"→"向右挪动"命令，或按快捷键【.】，如图4-32所示。

图4-32

STEP 04 此时，片段"PA0A1052"的长度没有发生变化，画面整体向右移动了一帧，如图4-33所示。

图4-33

STEP 05 为了能更好地理解这个功能，请看下面的示意图。

假如片段"PA0A1052"是示意图中的"4、5、6、7"帧画面，如果执行了上面步骤的操作，那么此片段会整体向右移动一帧，也就是说片段"PA0A1052"的帧数就变成了"5、6、7、8"帧画面，如图4-34所示。

图4-34

进行滑移式编辑时，不会更改片段在时间线中的位置和时间长度，但会更改滑移编辑片段的开始帧和结束点。这种编辑方式，为成片阶段的修改带来很大的便捷，因为它不会改变片段的时长，也不会影响到整个影片的时长，这样可以避免音乐节春天点跟剪辑点的错位。

提示： 临时调用"修剪"及其他工具的小窍门

在精剪时对"修剪"工具的使用并不是特别频繁，往往只是对个别片段做细微调整才会使用，剪辑中使用"选择"工具的频率较高。

若要临时切换到"修剪"工具，可按住快捷键【T】不放，直到完成想要做修剪操作的任务，然后释放【T】键，此时，工具自动切换到使用"修剪"工具之前的工具（其他工具临时使用方法类同）。

这样的小窍门可减少在编辑工作中切换工具所带来的重复操作，能有更好的操作体验。

▶ **实例——使用"修剪"工具精修片段的开头或结尾**

在精剪工作中，一部分工作是修改镜头顺序，一部分是修改现有镜头的长短。很多时候镜头的长短，可能相差几帧给人的视觉感受就会截然不同，而对片段长短的修改大部分是从开头或结尾入手的。

接下来带大家体验一下FCPX在修改片段开头或结尾时，所带来的便捷操作方式。

STEP 01 单击时间线左上方的工具栏，选择"选择"工具，或按快捷键【A】。并将光标箭头放置到片段"PA0A1123"的开头位置，如图4-35所示。

此时，光标箭头变成了如图所示的形状 。

STEP 02 单击鼠标左键，片段"PA0A1123"开头位置变成黄色的选中状态，此时，已经选中了片段的开头编辑点，如图4-36所示。

STEP 03 将光标移动到片段开头位置，单击鼠标左键不放，将鼠标向左移动。此时，片段从开头处被延长出

来，如图4-37所示。

图4-35

图4-36

图4-37

提示： 如果片段处在主故事情节上，由于磁性工作线的特殊性，整个时间线上，选中片段后面的部分也会整体向后移动。

使用撤销的快捷键【Command+Z】，撤销上一步的操作，使片段恢复到原来的位置状态。

STEP 04 继续选中片段"PA0A1123"开头位置，单击软件任务栏中的"修剪"→"向左挪动"命令，或按快捷键【, 】，如图4-38所示。

图4-38

STEP 05 此时，片段"PA0A1123"在时间线上的开头起始帧被加长出一帧，这种操作会更加精准地控制片段长度，如图4-39所示。

图4-39

使用撤销的快捷键【Command+Z】，撤销上一步的操作，使片段恢复到原来的位置状态。

STEP 06 单击时间线左上方的工具栏，选择"修剪"工具，或按快捷键【T】，如图4-40所示。

将光标移动到片段"PA0A1123"开头的位置，此时的光标形状，跟在"选择"工具状态相比下方多出一个胶片形状的部分。

STEP 07 单击软件任务栏中的"修剪"→"向左挪动"命令，或按快捷键【, 】，如图4-41所示。

图4-40   图4-41

此时，片段"PA0A1123"后半部反而多出一帧。在这里解释一下，并不是片段"PA0A1123"末帧向后多出

一帧，而是片段起始帧多出一帧画面，起始帧保持位置不变，画面整体向后移动一帧，如图4-42所示。

图4-42

STEP 08 为了能更好地理解这个功能，同样用示意图，来解释当片段连接于主故事情节上时，选中片段起始帧的状态下，使用"选择"工具与"修剪"工具向左挪动一帧的效果。

假如有一个"1~10"共10帧的画面片段，片段在次级故事情节中的排列顺序如图所示，此时选中片段"A"与第4帧这个编辑点，分别使用"选择"工具与"修剪"工具向左挪动一帧，其效果如图4-43所示。

图4-43

▶ 实例——使用"修剪"工具进行卷动式编辑

卷动式编辑是指同时调整两个相邻片段的开始点和结束点。如果要将两个放在时间线中的片段的长度做出调整，但不想改变整个时间线前后片段的位置，可以使用"修剪"工具在这两个片段的编辑点上进行卷动编辑。

这种编辑方式常用在动作剪辑点上，可以很方便地更改一个动作剪辑点前后镜头所切换的位置，而不会影响到整个时间线上其他片段的位置。

STEP 01 单击时间线左上方的工具栏，选择"修剪"工具，或按快捷键【T】。确定指针已变为"修剪"工具的图标，如图4-44所示。

图4-44

STEP 02 单击时间线上片段"PA0A0965"与"PA0A1052"中间的编辑点,如图4-45所示。

图4-45

　　此时,两个片段中间的编辑点的末帧和首帧被同时选中。

STEP 03 鼠标左键选中编辑点,按住鼠标左键不放,向右轻轻滑动,发现编辑点会向右移动,编辑点上方出现"+00:XX"的数字提示(如果鼠标向左移动编辑点上方数字显示"—00:XX"),表示已经向右移动了多少帧,如图4-46所示。

图4-46

STEP 04 此时,再观察一下监视器里的画面。监视器里出现两个画面,它们分别显示的是两个片段末帧与首帧画面,如果是在做动作剪辑时,剪辑工作会更方便,如图4-47所示。

图4-47

STEP 05 保持片段之间编辑点处在选中的状态,单击软件任务栏中的"修剪"→"向左挪动"命令,或按快捷键【,】。此时,编辑点会向左精确挪动一帧,如图4-48所示。

图4-48

STEP 06 保持片段之间编辑点处在选中的状态,将时间检索线放置到你想要让编辑点移动的位置,如图4-49所示。

图4-49

STEP 07 然后单击软件任务栏中的"编辑"→"延长编辑"命令,或按快捷键【Shift+X】。此时,编辑点自动移动到时间检索线所处的位置处,如图4-50所示。

STEP 08 为了能更好地理解这个功能,在这里用下面的示意图,解释当片段位于主故事情节或次级故事情节上时,卷动式编辑是如何工作的。

图4-50

假如现在有A、B、C3个片段，现要将C、B之间的编辑点向右进行卷动式编辑，最终我们得到的结果如图4-51所示。

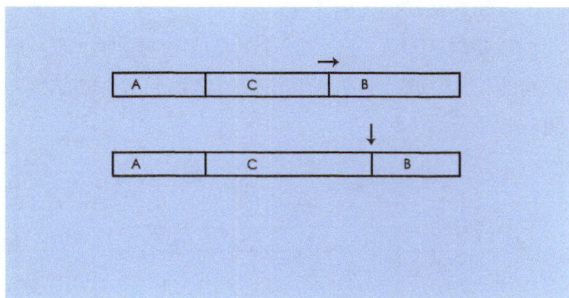

图4-51

执行卷动式编辑时，项目的总时间长度维持不变，但两个片段的时间长度都改变了。其中一个延长，而另一个则缩短作为补偿。

提示： *视频片段的媒体余量。*

在卷动编辑或是其他挪动片段首尾帧时，所选择的编辑点一般都显示为黄色，有时在无意间也会发现某些片段的首尾帧会显示为红色，而不能再移动编辑点，此时，说明显示红色帧的片段已经到达该片段的尽头，如图4-52所示。

图4-52

▶ **实例——使用"修剪"工具进行滑动式编辑**

滑动式编辑，类似于卷动式编辑，它可同时调整滑动编辑片段的两个相邻片段的开始点和结束点。如果要

将一个放在时间线中的片段的前后位置做出调整，但不想改变整个时间线前后片段的位置，可以使用"修剪"工具在这个片段两端的编辑点上进行滑动式编辑。

这种编辑方式常用在成片修改的编辑或是已对齐音乐节奏的编辑片段中，可以很方便地更改一个片段镜头组镜中的位置，而不会影响到整个时间线上其他片段的位置。

STEP 01 单击时间线左上方的工具栏，选择"修剪"工具，或按快捷键【T】。确定指针已变为"修剪"工具的图标，如图4-53所示。

图4-53

STEP 02 将光标放到片段"PA0A0965"上，按住【Option】键，如图4-54所示。

图4-54

此时，发现"修剪"工具的图标由原先的样式，变成现在这样的样式。

STEP 03 将光标放到片段"PA0A0965"上，按住【Option】键，然后单击片段"PA0A0965"，如图4-55所示。

此时，片段"PA0A0965"前后两个片段的末帧和首帧被同时选定。

STEP 04 继续按住【Option】键不放，按住鼠标左键向右轻轻滑动。此时，片段"PA0A0965"的长度不会发生变化，但前片段的末帧被拉长，后片段的首帧被向后移动，以片段"PA0A0965"为中心的前后3个片段的总时长没有发生变化，如图4-56所示。

图4-55

图4-56

STEP 05 与此同时，保持片段之间编辑点处在选中的状态，单击软件任务栏中的"修剪"→"向左挪动"命令，或按快捷键【，】，此时，片段"PA0A0965"会向左精确挪动一帧，如图4-57所示。

执行滑动式编辑，就是某一片段在保持本片段时长不变、内容不变的情况下，将前后相邻的两个片段加长和缩短，以适应滑动编辑片段的位置更改。但其又不像在"位移"工具下拖动片段，产生相应的空隙。

图4-57

STEP 06 为了让大家更好地理解滑移式编辑，再次用示意图来解释当片段位于主故事情节或次级故事情节上时，滑动式编辑是如何工作的。

假如现在有A、B、C3个片段，现要将A、B片段之间的C片段进行滑动式编辑，最终我们得到的结果如图4-58所示。

图4-58

4.2　三点编辑

剪辑工作的第一步，基本上可以定义为将媒体池中的素材搬移到时间线上。但第一步工作，需要的却是一次非常精确地搬运，例如，当已经确定了在时间线上需要固定时长的片段节选，或是已经选定了片段的起始帧。

那么，下面就为大家介绍一种全新的编辑方式，三点编辑。

1. 何为三点编辑

要理解三点编辑或是四点编辑，首先要明白，这些点都是什么点。

把一堆素材经过剪辑，在时间线上形成一部影片，那么在时间线上放入一段素材时，需要涉及4个点，即素材在媒体池中的入点、出点，以及在时间线上连接、插入、覆盖的入点和出点。

如果是采取三点编辑的话，那么需要先确定其中的3个点，第4个点将由FCPX得出，从而确定这段素材的长度和所处的位置，然后可以选择连接、插入或覆盖方式放入时间线；如果是四点编辑的话，就需要自己确定全部4个点，将一段素材剪辑后放入时间线。

这种四点编辑的方式出自对编机的线性剪辑时代，但这种方式很多时候会使我们的编辑工作事半功倍，如果使用过2台Beta做对编的话，可能会更好理解一些。

接下来马上通过实例来理解三点编辑。

首先，在"第四章"的资源库里新建事件"4.2"快捷键【Option+N】，全选事件"4.1"中的视频片段，按住【Option】键将事件"4.1"中的片段拖到新建事件"4.2"中，此时，事件"4.1"中的片段就被复制到事件"4.2"中去了。用同样的方法将事件"4.1"中的工程文件"4.1"复制到事件"4.2"，并将事件"4.2"中的工程文件重命名为"4.2"。

2. 三点编辑的几种形式

（1）时间线中确定开始点和结束点；事件浏览器中确定开始点（开始点对齐）。

（2）时间线中确定开始点和结束点；事件浏览器中确定结束点（结束点对齐）。

（3）事件浏览器中确定开始点和结束点；时间线中确定开始点（开始点对齐）。

（4）事件浏览器中确定开始点和结束点；时间线中确定结束点（结束点对齐）。

提示： 时间线长度优先。

时间线中的开始点和结束点总是优先于事件浏览器中设定的开始点和结束点。

如果在时间线中确定了一组开始点和结束点，也就意味着在时间线中确定了一个编辑的时间长度，而此时，不管在事件浏览器中的片段开始点和结束点长度，是否大于或小于时间线的编辑长度，编辑片段的长度都以时间线上的编辑长度为准。

4.2.1　三点编辑示例

STEP 01 在事件浏览器中选择片段"MI1A7860"，拖动播放头在你认为合适的位置按快捷键【I】、【O】或按范围选择工具快捷键【R】，为片段选择开始点和结束点，如图4-59所示。

图4-59

STEP 02 将时间检索线放置到片段"PA0A0965"的起始帧处，如图4-60所示。

图4-60

现在软件默认的3个点，分别是：片段"MI1A7860"在事件浏览器中的开始点和结束点；片段"PA0A0965"在时间线中的起始帧。

STEP 03 使用连接编辑，按快捷键【Q】，如图4-61所示。

图4-61

此时，片段"MI1A7860"在事件浏览器中的开始点会与片段"PA0A0965"在时间线中的起始帧对齐，而片段"MI1A7860"在时间线上的长度与其在事件浏览器中所选择的范围相同。

提示： 也可以使用覆盖、插入的编辑方式，快捷键为【D】、【W】，将同样长度的片段"MI1A7860"以现在时间线的起始点为基准覆盖、插入片段。

STEP 04 单击选中"PA0A0965"，在任务栏中选择"标记"→"设定片段范围"命令，或按快捷键【X】，如图4-62所示。

图4-62

STEP 05 此时，在时间线上，已经建立了一个以片段"PA0A0965"的首末帧为位置的选区，如图4-63所示。

图4-63

提示： 在时间线中建立选区。

在时间线中建立选区的方法还有很多种，可以将工具切换为选择工具，快捷键为【R】，通过按住鼠标左键让光标在时间线上滑动建立选区；也可以按【I】、【O】建立关键帧工具，通过时间检索线在时间线上建立选区。

STEP 06 使用连接编辑，按快捷键【Q】，如图4-64所示。

此时，片段"MI1A7860"在事件浏览器中的开始点会与片段"PA0A0965"在时间线中的起始帧对齐，而片段"MI1A7860"在时间线上的长度与时间线中所建立的选择范围相同。

图4-64

在上面的段落中也做过提示，当时间线和事件浏览器中的片段同时建立了选区，那么片段编辑长度以时间线中的选区为准。与此同时，也可以使用覆盖与插入的编辑方式，将片段"MI1A7860"放置到时间线上，但其片段长度都与时间线中的选区长度相同。

提示： 事件浏览器中片段长度不够。

当时间线和事件浏览器中都建立了选区，且事件浏览器中的选区长度小于时间线中的选区长度，那么此时，软件会自动将两个起始帧对齐，并将事件浏览器中的末帧自动加长。

如果事件浏览器中的选区，从起始帧到整个片段的末帧不能满足时间线中选区的长度，软件会弹出一个对话框，如图4-65所示。

图4-65

鼠标左键单击"继续"，此时软件会将事件浏览器中的片段开始点至片段的末帧添加到时间线中。

4.2.2 反向时序的三点编辑示例

STEP 01 在事件浏览器中选择片段"MI1A7860"，建立一个与"4.2.1"相同的选区。

▶ **实例——时间线片段在浏览器中显示**

当在时间线中进行了大量的编辑工作，需要定位某一片段在事件浏览器中的位置，以便查看相邻镜头的内容时，大量的素材片段会使我们头晕目眩，现在以定位时间线中的片段"MI1A7860"为例，介绍一种便捷的方法。

（1）在时间线中选择片段"MI1A7860"较长的段落，如图4-66所示。

图4-66

（2）在任务栏中选择"文件"→"在浏览器中显示"命令，或按快捷键【Shift+F】，如图4-67所示。

（3）此时，片段"MI1A7860"在事件浏览器中的部分处于被选中的高亮黄色，如图4-68所示。

图4-67　　　　　　　图4-68

与此同时，也可以按快捷键【Shift+Option+F】来定位时间线中的片段在事件浏览器中所处的项目位置。

STEP 02　在时间线中将时间检索线放置到片段"PA0A0965"的末帧，按快捷键【Shift+Q】，如图4-69所示。

图4-69

此时，片段"MI1A7860"在事件浏览器中的结束点会与片段"PA0A0965"在时间线中的结束帧对齐，而片段"MI1A7860"在时间线上的长度与其在事件浏览器中所选择的范围相同。

当然也可以使用快捷键【Shift+W、D】，将片段反向插入或覆盖于时间线上。

STEP 03　在时间线上单击选中片段"PA0A0965"，在任务栏中选择"标记"→"设定片段范围"命令，或按快捷键【X】，如图4-70所示。

图4-70

此时，软件会依据片段"PA0A0965"在时间线中的位置与长度快速建立选区。

STEP 04 使用连接编辑，按快捷键【Shift+Q】，如图4-71所示。

图4-71

此时，片段"MI1A7860"在事件浏览器中的结束点会与片段"PA0A0965"在时间线中的末尾帧对齐，而片段"MI1A7860"在时间线上的长度与时间线中所建立的选择范围相同。

在上面的段落中也做过提示，当时间线和事件浏览器中的片段同时建立了选区，那么片段编辑长度以时间线中的选区为准。与此同时，也可以使用覆盖与插入的编辑方式，将片段"MI1A7860"反向放置到时间线上，但其片段长度都与时间线中的选区长度相同。

STEP 05 为了让大家更直观有效地理解"4.2.1""4.2.2"所讲授的内容，再次以示意图的方式来做说明，如图4-72所示。

假如有一个1~10帧的片段，且建立了一个4~9帧的选区，在时间线中拥有一个4帧长度的片段C。

（1）为在事件浏览器中建立4~9帧的选区，在时间线中将时间检索线放置到"A""C"片段中间，按快捷键【Q】得到的结果。

（2）为在事件浏览器中建立4~9帧的选区，在时间线中建立与片段"C"相同长度与位置的选区，在时间线中将时间检索线放置到"A""C"片段中间，按快捷键【Q】得到的结果。

（3）为在事件浏览器中建立4~9帧的选区，在时间线中将时间检索线放置到"C""B"片段中间，按快捷键【Shift+Q】得到的结果。

（4）为在事件浏览器中建立4~9帧的选区，在时间线中建立与片段"C"相同长度与位置的选区，在时间线中将时间检索线放置到"C""B"片段中间，按快捷键【Shift+Q】得到的结果。

图4-72

4.2.3 多个片段进行三点编辑

有很多时候，我们会将整组镜头拖曳到时间线上，也有可能整组替换掉时间线上的组镜。下面就来使用软件，将事件浏览器中的多个镜头，利用三点编辑的方式放置到时间线上。

STEP 01 在事件"4.2"中，单击选中项目"4.2"，单击鼠标右键，在弹出的下拉菜单中选择"复制项目"，或按快捷键【Command+D】，如图4-73所示。

STEP 02 此时得到一个新的名为"4.2 1"的新项目。单击项目名称处，待名称处出现蓝色边框输入"4.2.3"，得到一个名称为"4.2.3"的新项目，如图4-74所示。

图4-73

图4-74

STEP 03 双击"4.2.3"的新项目，在时间线中按住鼠标左键，框选新增加的4个片段，按快捷键【Delete】将框选项目删除，如图4-75所示。

图4-75

STEP 04 在"4.2"事件浏览器中，对片段"MI1A7860"与"MI1A7861"通过建立关键帧或"范围选择"工具进行范围选择。按住鼠标左键框选两个片段，此时两个片段的范围选择部分会被同时选中，如图4-76所示。

图4-76

STEP 05 将时间检索线放置到时间线中片段"PA0A0965"的首帧处，使用连接编辑，或按快捷键【Q】，如图4-77所示。

图4-77

此时，片段"MI1A7860"与"MI1A7861"，会以片段"PA0A0965"的首帧为开始点向后延续。

STEP 06 在时间线中单击选中片段"PA0A0965"，按快捷键【X】，建立一个以片段"PA0A0965"为位置和长度的选区，如图4-78所示。

图4-78

STEP 07 在保持选区不变的情况下，将时间检索线放置到任意位置，使用连接编辑或按快捷键【Q】，如图4-79所示。

此时，片段"MI1A7860"与"MI1A7861"，会以片段"PA0A0965"的首帧为开始点向后延续，但是其长度会以片段"PA0A0965"的末帧为终点结束。

当然，也可以尝试将多个片段进行反向时序的三点编辑，其原理与单个片段的三点编辑相同。

图4-79

4.3 替换片段

在这个小节里，将介绍一种简便易行的编辑方法——替换片段。这种编辑方式类似于三点编辑，但又有不同之处，它不同于常规的编辑软件，是一种苹果方式的编辑方法，更加便捷、人性化。这些是否已经激起了你的兴趣？下面就来认识一下这种编辑方法。

▶ 实例——替换片段的编辑方法

首先，在"第四章"的资源库里新建事件"4.3"，快捷键为【Option+N】。全选事件"4.2"中的视频片段，按住【Option】键将事件"4.2"中的片段拖到新建事件"4.3"中，此时，事件"4.2"中的片段就被复制到事件"4.3"中去了。用同样的方法将事件"4.2"中的工程文件"4.2"复制到事件"4.3"，并将事件"4.3"中的工程文件重命名为"4.3"。

STEP 01 双击打开工程文件"4.3"，框选时间线中上节所增加的片段，如图4-80所示。

图4-80

按快捷键【Delete】，将被框选的片段全部删除。

STEP 02 在事件浏览器中选择片段"R91A9714"，使用建立关键帧工具将片段中认为重要的部分建立选区，如图4-81所示。

图4-81

将光标放到片段"R91A9714"的选区中，发现此时光标变成抓手形状。

STEP 03 按住鼠标左键不放，将光标从片段选区移动到时间线片段"PA0A0965"的上边，如图4-82所示。

图4-82

此时，时间线中的片段"PA0A0965"变成高光状态，光标中也有加号的图案。

STEP 04 松开鼠标左键。此时，在时间线中会自动弹出一个下拉菜单，接下来试用一下里面的功能，如图4-83所示。

图4-83

STEP 05 选择不同选项所带来的变化。

【替换】：当选择"替换"选项或按快捷键【Shift+R】时，事件浏览器中的片段"R91A9714"选区会与时间线中的片段"PA0A0965"从开头对齐，并将浏览器中的片段所建立选区的长度替换到时间线上，如果事件浏览器中所建立的选区长度大于或小于时间线中的片段长度，那么时间线中的片段会依次移动，时间线的总长度也会发生变化，如图4-84所示。

图4-84

【从开头替换】：当选择"从开头替换"选项或按快捷键【Option+R】时，事件浏览器中的片段"R91A9714"选区会与时间线中的片段"PA0A0965"从开头对齐，并以时间线中的片段长度替换到时间线上，时间线的总长度不会发生变化，这个功能通过三点编辑、覆盖编辑也能实现，如图4-85所示。

【从结尾替换】：当选择"从结尾替换"选项时，事件浏览器中的片段"R91A9714"选区会与时间线中的片段"PA0A0965"从结尾对齐，并以时间线中的片段长度替换到时间线上，时间线的总长度不会发生变化，这个功能通过三点编辑、覆盖编辑也能实现，如图4-86所示。

图4-85

图4-86

【使用重新定时替换以适合】：当选择"使用重新定时替换以适合"选项时，事件浏览器中的片段"R91A9714"选区会与时间线中的片段"PA0A0965"从开头对齐，并以时间线中的片段长度替换到时间线上，如果事件浏览器中所建立的选区长度大于或小于时间线中的片段长度，那么事件浏览器中的片段会根据时间线中片段的长度进行速度伸缩，时间线的总长度不会发生变化，如图4-87所示。

图4-87

4.4 添加和编辑静止图像

在编辑工作中，会遇到很多关于照片的处理。图片应用在影片中的方式很多，例如：序列文件组成的延时素材、制作静帧增加片段强调、PSD多层图片的工程文件等。

那么，接下来就带大家一起了解关于图片或静帧在软件中的应用。

首先，在"第四章"的资源库里新建事件"4.4"，快捷键为【Option+N】。全选事件"4.3"中的视频片段，按住【Option】键将事件"4.3"中的片段拖到新建事件"4.4"中，此时，事件"4.3"中的片段就被复制到事件"4.4"中去了。用同样的方法将事件"4.3"中的工程文件"4.3"复制到事件"4.4"，并将事件"4.4"中的工程文件重命名为"4.4"。

4.4.1 输出静帧图像

经常会在一些剪辑工作中看到一些片段，不停地闪白动作停止，再闪白动作再次开始进行，这样的编辑会使片段的剪辑节奏性很强，下面就一起来学习几种制作静帧的方法。

▶ 实例——制作静帧的方法

选择时间线中最后的一个片段"PA0A0965"作为试验片段，来介绍静帧画面的多种制作方法。

STEP 01 选择时间线中最后一个片段"PA0A0965"，将时间检索线放置到片段中任意位置，如图4-88所示。

图4-88

STEP 02 单击时间线右上方的输出按钮，单击"储存当前帧"选项，如图4-89所示。

图4-89

或在任务栏中选择"文件"→"共享"→"储存当前帧"命令，如图4-90所示。

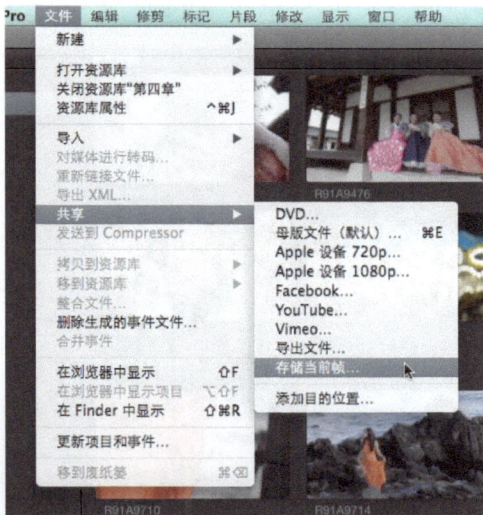

图4-90

提示： *输出选项添加目的位置。*

有些时候当打开输出选项时，会发现在共享位置上没有"储存当前帧"的选项，这时不要惊慌，有问题就有解决问题的方法。

❶ 单击任务栏中的"文件"→"共享"→"添加目的位置"命令，如图4-91所示。

图4-91

或按快捷键【Command+，】，此时，会弹出软
件偏好设置的一个对话框，单击选择对话框上方
"目的位置"选项。

② 此时，在"添加目的位置"的右侧栏中有
"储存当前帧"的选项，选中此选项，按住鼠标
左键不放将选项拖曳到左侧栏，就完成了"储存
当前帧"共享选项的添加，如图4-92所示。

图4-92

STEP 03 这时系统会弹出一个"储存当前帧"的对话
框，如图4-93所示。

选择对话框上方的"设置"选项，展开"导出"选
项的下拉菜单，这里有多种输出格式文件的选项，单击
"JPEG 图像"，如图4-94所示。

图4-93

图4-94

STEP 04 单击对话框右下角的"下一步"，软件会弹出
一个路径的选择窗口，在这个地方选择一个觉得适合的
路径，这里将单帧命名为"第四章 单帧输出"，如图
4-95所示。

图4-95

单击对话框右下角的储存按钮 [　　]。

STEP 05 此时，软件会根据选择的画面格式以及路径输
出一个相应的图片文件，并在软件的右上方弹出"共享
成功"对话框，如果单击"显示"选项，软件会自动打
开一个输出片段所在的Finder窗口，如图4-96所示。

图4-96

STEP 06 利用之前所学的知识可以将新生的静帧片段放
置到时间线上，如图4-97所示。

图4-97

4.4.2　软件内部制作静帧

在"4.4.1"节中，通过软件输出了一个静帧文件，这种做法可以减少软件后台运算的量；与此同时输出的画面可以利用其他软件，在输出的单帧文件上进行更专业的单帧处理，例如：Photoshop等强大的图片处理软件。

任何事情似乎都是双刃剑，当要做一个片段的抽帧效果时，面对大量画面的静帧处理，这种烦琐的操作又增加了我们的工作量，接下来为大家介绍几种便捷的制作视频单帧的方法。

STEP 01 选择时间线尾部的片段"PA0A0965"，将时间检索线移动到想要制作静帧的地方，如图4-98所示。

图4-98

STEP 02 单击软件任务栏中的"编辑"→"添加静帧"命令，或按快捷键【Option+F】，如图4-99所示。

图4-99

STEP 03 此时，时间检索线后的单帧被延长出来，这样就获得了当前帧的一段单帧画面，如图4-100所示。

图4-100

提示： 修改静帧默认长度。

静帧是一个无限长度的片段，当然有时候只需要它长度中的几帧而已。软件在默认状态下，对静帧片段和静止图像片段的默认时长都是4秒。下面来更改这个设置。

① 按快捷键【Command+,】，弹出软件偏好设置对话框，在对话框标题栏中选择"编辑"选项，如图4-101所示。

图4-101

② 在编辑选项里，在"静止图像：编辑时间长度为x.xx秒钟"处，输入"0.16"，如图4-102所示。

图4-102

STEP 04 在时间线中按快捷键【Shift+F】，在事件浏览器中定位片段"PA0A0965"，按快捷键【Option+F】制作单帧，如图4-103所示。

图4-103

这时，片段"PA0A0965"的上方，多了一个长度为4帧的连接静止画面。

提示： 时间线与事件浏览器创建静帧的区别。

从时间线中的片段创建静帧：新静帧片段将插入时间线片段开始创建静帧的位置，整个片段会向后移动。

从事件浏览器中的片段创建静帧：新静帧将作为连接片段，连接到时间线中时间检索线的位置。

STEP 05 选中片段"PA0A0965"，将时间检索线移动到片段的后半段，如图4-104所示。

图4-104

STEP 06 单击时间线右上方的速度选项，在展开的下拉菜单中选择"静止"选项，或按快捷键【Shift+H】，如图4-105所示。

STEP 07 此时，片段"PA0A0965"在时间检索线中的位置有一个速度为"0%"的片段被增加出来，如图4-106所示。

图4-105

图4-106

这个小节中，为大家介绍了3种制作视频静帧的方法，分别是：在时间线中创建静帧，快捷键为【Option+F】；在事件浏览器中创建静帧，快捷键为【Option+F】；在时间线片段中利用速度创建静帧，快捷键为【Shift+H】。

4.4.3　PSD文件的应用

FCPX是一个很强大的视频编辑软件，而且有较好的兼容性。它可以与多个软件或硬件搭配使用。譬如：可以直接输出XML给调色软件达芬奇、可以支持多个屏幕同时显示界面、可以在时间线中读取PSD文件。

接下来的这个小节，将为大家介绍PSD文件在FCPX中的应用。

▶ 实例——PSD文件在FCPX中的应用

STEP 01 在提供的素材文件中，有一个本书中用到的示意图的PSD工程文件。

在事件浏览器中，将光标移动到事件"4.4"处，单击鼠标右键在下拉菜单中选择"新建关键词精选"，或按快捷键【Shift+Command+K】，如图4-107所示。

图4-107

STEP 02 为"新建关键词精选"重命名，将光标移动到关键词处，在"未命名"栏中输入"PSD文件"，如图4-108所示。

图4-108

STEP 03 将素材中的PSD文件导入到新建的"PSD 文件"关键词精选中，如图4-109所示。

图4-109

STEP 04 默认状态下，在事件浏览器中PSD文件是一个长度为1分钟的片段，如图4-110所示。

图4-110

STEP 05 将合适长度的PSD文件连接到时间线上，如图4-111所示。

图4-111

STEP 06 双击时间线中的片段"三点编辑 示意图"，发现这个PSD文件会在其他时间线中展开，这一点类似于之前介绍过的复合片段，如图4-112所示。

图4-112

　　展开的PSD文件分为3层，可以在FCPX中随意编辑这3层中的任意一层，包括：放大缩小、调整单层位置、添加关键帧动画。

　　FCPX对PSD文件的直接读取，很大程度上方便了我们的工作，一些简单的关键帧动画，可以在Adobe Photoshop这样的专业作图软件中分层，然后直接发送到FCPX中，进行相应的关键帧动画处理，便可得到非常棒的视觉效果。

4.4.4　制作快速抽帧

　　经过"4.4.1~4.4.3"的学习，我们学会了几种制作静帧和使用PSD的方法。在剪辑工作中，画面的节奏有时候会因为镜头的单调而变得乏味，此时，也许一些创新的剪辑手段，会为你平淡无奇的剪辑迅速提升画面节奏感并带来有效的视觉冲击。

　　接下来在现有的时间线中，选择一个片段对其进行抽帧处理，一起来见证它带来的神奇效果。

▶ **实例——抽帧处理**

STEP 01 播放项目"4.4"，找一个合适的位置进行抽帧编辑，如图4-113所示。

图4-113

　　在播放整个片段的时候发现，当切换到片段"MI1A8070"的时候，音乐有一个明显的段落节点，那么这个点也是制造节奏的一个绝佳选择。因此，最终选定时间线中的片段"MI1A8070"，作为抽帧编辑的片段。

STEP 02 首先，明确一下编辑思路。片段"MI1A8070"在这个地方需要增加一下节奏，或者说换一下剪辑节奏，现在需要将这个片段做一些剪辑效果的处理。

　　抽帧效果。顾名思义就是将片段中的个别单帧单独抽取，然后再组成新的片段，由于连续跳跃的视频有序的组合，使其也成为一种剪辑方法，这种编辑给人带来一种全新视觉体验。

　　在时间线中选中片段"MI1A8070"，然后右击片段会弹出一个下拉菜单，在菜单中选择最后一项"在浏览器中显示"，或按快捷键【Shift+F】，如图4-114所示。

图4-114

STEP 03 此时，在事件浏览器中，在时间线上被选中的片段"MI1A8070"就会在事件浏览器中亮起，其中片段在事件浏览器中的开始点和结束点与时间线上的开始点与结束点相同，如图4-115所示。

图4-115

提示： 有时候会发现，使用将时间线中片段"在浏览器中显示"这个功能时，时间线中片段的长度与事件浏览器所建立的选区长度不一样，这种情况有可能是时间线上的片段做了一些快慢放处理，而在使用【Shift+F】命令时，软件所默认的是片段的首末帧位置。

STEP 04 将事件浏览器中的片段"MI1A8070"的播放头，放置到选区的开头位置，确定时间线中的时间检索线也处于片段"MI1A8070"的开始点。并且在事件浏览器选中时，单击软件任务栏里的"编辑"→"连接静帧"命令，或按快捷键【Option+F】，如图4-116所示。

图4-116

STEP 05 这时发现有一个长度为4帧的单帧片段，被连接到时间线中的片段"MI1A8070"（由于在之前章节中已经更改软件偏好设置，在默认状态下静帧片段的长度为4秒），如图4-117所示。

图4-117

▶ 实例——显示片段长度

有时在制作播出节目时，需要一个精确的时间长度，这时就需要将节目时长调整得分秒不差，也就需要能够在软件中查看单个片段或多个片段的时长。

STEP 01 选择"MI1A8070"上方的静帧片段，如图4-118所示。

图4-118

STEP 02 单击软件上方的任务栏，选择"修改"→"更改时间长度"命令，或按快捷键【Control+D】，如图4-119所示。

图4-119

STEP 03 此时，时码框中数字的颜色发生了变化，而且数字也发生了变化，你一定也发现了两个图片右边的图标也有不同，上面图片所显示的是时间检索线所在时间线位置的时码，下面图片所显示的是片段时长，如图4-120所示。

图4-120

STEP 04 一起来认识一下时码框里所显示的数字，它们分别是"时、分、秒、帧"，如图4-121所示。

图4-121

STEP 05 单击软件任务栏，选择"Final Cut Pro"→"偏好设置"命令，或按快捷键【Command+，】，如图4-122所示。

图4-122

STEP 06 软件会自动弹出"通用"对话框，单击对话框"通用"栏，然后单击"时间显示"栏的展开菜单，在这可以选择不同的显示方式，如图4-123所示。

图4-123

STEP 07 现在回到事件浏览器继续接下来的工作。选择事件浏览器中的片段"MI1A8070"，连续按4下键盘上的方向键"→"，按快捷键【Command+"+"】放大片段长度，如图4-124所示。

图4-124

可以看到时间线中的播放头向后挪动了4帧。

▶ **实例——显示浏览条信息**

FCPX中隐藏了许多细小而又实用的功能，下面就介绍一下如何显示浏览器中的片段信息的方法。

STEP 01 单击软件任务栏中的"显示"→"显示浏览条信息"命令，或按快捷键【Control+Y】，如图4-125所示。

图4-125

STEP 02 此时在浏览器中，被选中片段的播放头上方会出现一个半透明的灰色对话框，里面会显示片段名称和播放头所处位置的"TC"码，如图4-126所示。

图4-126

STEP 03 继续按快捷键【Option+F】，在片段上快速连接单帧文件，然后反复几次对视频片段进行抽帧处理，如图4-127所示。

图4-127

不一会儿的工夫，我们就完成了这么多画面的单帧处理。

STEP 04 将事件浏览器中的片段，从最后抽帧处按【I】键，建立关键帧。然后使用连接编辑快捷键【Q】，如图4-128所示。

图4-128

▶ **实例——设置静帧为开始点**

STEP 01 如果此时不小心动了事件浏览器的片段播放头的位置，可以将时间线中的时间检索线放置到选中的最后静帧画面上，按快捷键【Shift+F】，如图4-129所示。

图4-129

STEP 02 此时事件浏览器中，会建立一个当前帧的选区，如图4-130所示。

图4-130

STEP 03 不要挪动事件浏览器中的播放头，然后单击时间线中最初的片段"MI1A8070"，再按快捷键【Shift+F】，如图4-131所示。

图4-131

STEP 04 此时软件会将选区加大，但是播放头的位置没有发生变化，如图4-132所示。

图4-132

STEP 05 然后按快捷键【I】，这时就获得了一个时间线中最后一个静帧为开始点，时间线中片段"MI1A8070"的结尾为结束点的选区，如图4-133所示。

图4-133

STEP 06 播放时间线上的抽帧片段，可能会觉得抽帧的时长略微有些不舒服，那么接下来就介绍一种便捷快速的方法，精确地修改片段长度。

上面的提示中，提到了如何显示片段长度，之前的章节中也已经介绍了如何建立次级故事情节。下面就利用之前学过的知识来调整时间线中抽帧画面的长度。

▶ 实例——调整时间线中抽帧画面的长度

STEP 01 首先，按住鼠标左键框选时间线上所有的静帧片段，如图4-134所示。

图4-134

STEP 02 按快捷键【Command+G】，将框选片段放置到一个次级故事情节中，如图4-135所示。

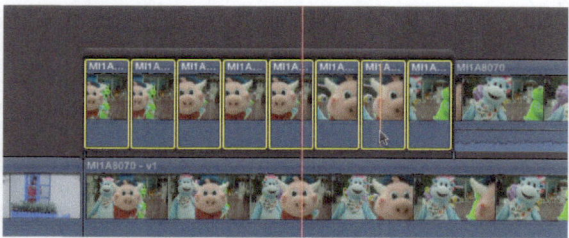

图4-135

STEP 03 保持时间线中静帧片段于选中状态，然后按快捷键【Control+D】。此时，时码框中的数字会变成图4-136所示的状态。

STEP 04 在键盘中输入数字"5"，然后单击键盘上的回车键，如图4-137所示。

图4-136

图4-137

STEP 05 此时，时间线中所有的静帧片段都被加长到了5帧，如图4-138所示。

图4-138

STEP 06 将静帧片段下方的片段向后顺延，与此同时，将后面片段的声音拉到最低，如图4-139所示。

图4-139

现在再来播放这个片段，发现最后一个静帧结束的点并没有与下方的音频重音点对齐。一起来想办法解决这个问题。

STEP 07 选中静帧片段中倒数第2个片段，按快捷键【Control+D】，在时码框中输入数字"4"；选中静帧片段中最后一个片段，按快捷键【Control+D】，在时码框

中输入数字"3"，逐次两个片段减少1帧和2帧。

同时，后面顺延片段需要对齐下一个重音点，所以需要延长连接静帧片段的结束点至音乐的下一个重音点，如图4-140所示。

图4-140

接下来问题又来了，如何将时间线中后续片段整体移动？现在可以利用磁性时间线的天然优势，在主故事情节中插入空隙来快速解决这个问题。

▶ **实例——利用磁性时间线整体移动片段**

STEP 01 将时间检索线放置到片段"MI1A8113"的开始点，如图4-141所示。

图4-141

STEP 02 然后单击软件任务栏中的"编辑"→"插入发生器"→"空隙"命令，或按快捷键【Option+W】，如图4-142所示。

图4-142

STEP 03 此时，磁性时间线中多了一个插入的空隙片段，如图4-143所示。

图4-143

STEP 04 然后按快捷键【Option+】】将空隙片段的结尾进行快速修剪，删除下方的原始片段，此时就完成了本片段快速抽帧的制作，如图4-144所示。

图4-144

4.5 速度的高级应用

很多客户对剪辑师的要求中会有相同一条——节奏感强。提升影片节奏的方法有很多，譬如：音乐、镜头的剪辑率、画面包装等。

镜头的节奏来自于内部变化，也可以是镜头运动所产生的变化，镜头的速度控制，在很多时候也能够增加画面的节奏，能够让看似"平淡无奇"的镜头变得"精彩纷呈"，那么下面就来学习一下FCPX强大的速度控制功能。

首先，在"第四章"的资源库里新建事件"4.5"，快捷键为【Option+N】，全选事件"4.4"中的视频片段，按住【Option】键将事件"4.4"中的片段拖到新建事件"4.5"中，此时，事件"4.4"中的片段就被复制到事件"4.5"中去了。用同样的方法将事件"4.4"中的工程文件"4.4"复制到事件"4.5"，并将事件"4.5"中的工程文件重命名为"4.5"。

4.5.1 均速更改片段速度

在FCPX中，可以对片段进行均匀和变速的速度调整，同时保留音频的音高，在这节将演示如何进行均速速度的调整。

▶ **实例——均速速度的设置**

STEP 01 在事件浏览器中，双击打开项目"4.5"。

STEP 02 选中片段"MI1A8119"，然后单击时间线右上方的重新定时按钮[ ]，在下拉菜单中选择"显示重新定时编辑器"，或按快捷键

【Command+R】，如图4-145所示。

图4-145

STEP 03 此时，片段"MI1A8119"多了一条绿色的提示条，如图4-146所示。

图4-146

STEP 04 将光标移动到绿条的最右端，然后按住鼠标左键，再分别向左、向右挪动一点，如图4-147所示。

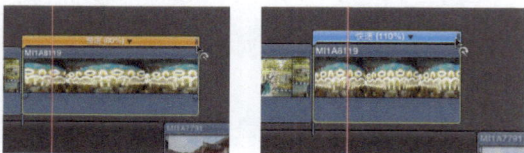

图4-147

不难发现，当片段被拉长放慢时，片段提示条会变成黄色；当片段被压缩加快时，片段提示条会变成蓝色。

STEP 05 打开自定义时间对画框，获得更多的更加精确的速度调整办法。

单击片段速度提示条中间部位的倒三角处，此时软件会弹出一个下拉菜单，在菜单中单击"自定…"选项，如图4-148所示。

图4-148

或者，单击时间线右上方的"显示重新定时编辑器"处，在下拉菜单中选择"自定…"选项，或按快捷键【Control+Option+R】，如图4-149所示。

图4-149

STEP 06 可以在自定速度对话框里，选择"正向"或"反向"来决定片段是正向或反向加速或减速，如图4-150所示。

图4-150

STEP 07 这种速度操作，在上一个章节中已经做了一定的介绍。接下来介绍一下后面的"波纹"选项。先将片段恢复100%速度选项。

勾选与不勾选"波纹"选项产生了不同的效果。如果勾选"波纹"选项，片段的帧内容不会发生改变，片段会跟着速度的加快或放慢而变短或变长；如果不勾选

"波纹"选项，片段的长度不会发生改变（加快速度下没有超出限度的情况下），片段不会跟着速度的加快或放慢而变短或变长，如图4-151所示。

图4-151

STEP 08 下面来看一下自定速度对话框中，"时间长度"这个功能的使用方法。使用鼠标单击"时间长度"这个选项，发现当片段处在100%速率时，时间长度栏中的两个数字是相同的，如图4-152所示。

图4-152

将时间框里的时间设置为"00:25"，然后按回车键，如图4-153所示。

图4-153

片段"MI1A8119"的长度相应地缩短为1秒钟，而速度也随之加快。很多时候，在已经选定了片段的开始点和结尾点，而片段的长度又超过所需要的范围，则可以通过输入所需要的片段长度，改变片段速度来快速得到想要的片段长度。

4.5.2 使用变速方法改变片段速率

在"4.5.1"中，为大家介绍了多种方法来实现片段速度的均速改变，而往往在编辑工作中，经常需要通过对同一个片段的前后，进行加速和减速，来达到提高画面节奏和强调片段信息的效果。

在FCPX中，要实现这种效果非常简单，而且操作很便捷，下面就一起来学习在FCPX中如何快速制作变速镜头。

▶ **实例——快速制作变速镜头**

STEP 01 首先，播放整个片段的内容，发现片段"MI1A8119"的内容为一段虚焦的转盘镜头，在这个镜头中既没有变焦运动，也没有相应的速度变化，导致这个镜头没有什么节奏感，也拉低了整个小片段的剪辑节奏，如图4-154所示。

图4-154

STEP 02 现在想办法在速度上给片段"MI1A8119"带来一些变化。如果单纯地加快或放慢片段"MI1A8119"的速度，只会相应地使转盘的旋转速度加快或放慢，并没有使其速度发生变化。那么，不如尝试为片段做一些速度变化的操作。

选中片段"MI1A8119"右边的编辑头，按住鼠标左键将其向右拖出，或按快捷键【Shift+X】加长片段，为速度变化提供足够长度，如图4-155所示。

图4-155

STEP 03 现在观察这个片段下方的音频波形，找到一个节奏点来确定我们的速度变化点。利用之前所学的标记方法，选中下方音频片段，然后按快捷键【M】编辑节奏点，如图4-156所示。

图4-156

STEP 04 选中被加长的片段"MI1A8119"，按快捷键【Command+R】显示片段重新定时编辑器，单击时间线右上方的"重新定时"按钮，在下拉菜单中选择"切割速度"，或按快捷键【Shift+B】，如图4-157所示。

图4-157

STEP 05 此时，片段上方的速度提示条被剪切开，而片段正常没有被剪切开，如图4-158所示。

图4-158

STEP 06 将光标移至片段"MI1A8119"的中间速度提示条处，按住鼠标左键不放，将第一段速度提示条缩短到标记点位置，如图4-159所示。

图4-159

STEP 07 播放片段"MI1A8119"前后的镜头，能感觉到经过速度变化，影片的节奏明显增加。

在变速运动中还隐藏着一些小窍门，需要向大家介绍一下。进行上一步操作时，刚开始剪断速度提示条时，速度提示条上并无一层半透明的白色，只有一挪动速度条半透明的白色才会出现，如图4-160所示。

图4-160

让我们来了解一下这层半透明的白色。

选中时间线上的片段"MI1A8119"，然后单击时间

线右上角的重新定时按钮，可以在下拉菜单中看到"速度转场"选项处在被打钩的状态，如图4-161所示。

图4-161

软件在默认状态下，"速度转场"和"保留音高"是默认开启状态。如果单击"速度转场"选项，选项会消除勾选，变速片段中的半透明白色也会消失，当再次勾选"速度转场"选项时，半透明白色又会重现，如图4-162所示。

图4-162

一般的剪辑软件，当视频片段处在速度变化的状态时，音频片段或直接被屏蔽，或严重失真，因为音频片段如果被放慢音高会变得低沉，而被加快则会变得高亮。在FCPX中，当变速工具中"保留音高"处在勾选状态时，音高不会发生变化，这一点对于剪辑中要使用同期声的片段，方便了许多。

4.5.3 速度斜坡与快速跳接

上面已经介绍了均速速度变化与变速速度变化，以及之前在静帧制作中学习的利用快捷键【Shift+H】，使片段成为静帧。

本节里，接着为大家介绍两个小的使用速度改变方法。

▶ 实例——速度斜坡与快速跳接的设置方法

STEP 01 在时间线中选中片段"PA0A1123"，单击软件任务栏中的"文件"→"在浏览器中显示"命令，或按快捷键【Shift+F】，在事件浏览器中定位片段，

如图4-163所示。

图4-163

STEP 02 在事件浏览器中，片段"PA0A1123"会建立一个与时间线中片段帧内容相同的选区，如图4-164所示。

图4-164

STEP 03 将时间线中的时间检索线，放置到时间线中剪辑片段的最后，按快捷键【Q】进行连接编辑。片段"PA0A1123"在事件浏览器中所建立的选区内容，就会从时间线上的时间检索线向后连接到主故事情节上，如图4-165所示。

图4-165

STEP 04 保持时间线中的片段处于选中状态，然后单击软件任务栏中的"修改"→"重新定时"→"速度斜坡"→"到0%"；或单击时间线右上角的"重新定时"按钮，弹出菜单与任务栏中弹出的菜单相同，选择相同的选项，如图4-166所示。

图4-166

STEP 05 可以看到片段会自动展开速度提示条，而且速度提示条会被切分为好几段，被分割的速度条其数字逐一减小，如图4-167所示。

图4-167

播放这个片段，发现片段会有一个较为自然的速度递减过程，如图4-168所示。

图4-168

现在单击软件任务栏中的"修改"→"重新定时"→"速度斜坡"→"从0%"命令。再次播放这个片段，发现这个片段中人物会较为自然地有一个从静到动的过程。

很多时候，对于软件提供的速度渐变过程会感到不太满意，这时可以通过调整速度提示条来得到更好的效果。选中片段"PA0A1123"按快捷键【Option+Command+R】，此时片段又回到了100%的常速，如图4-169所示。

图4-169

STEP 06 播放片段"PA0A1123"，将时间检索线放置到片段中女主人公快要靠近窗户的位置，然后使片段处在选中状态，按快捷键【M】，此时软件会在时间检索线所处的位置在片段上打上一个标记点，如图4-170所示。

STEP 07 单击时间线右上方的"重新定时"按钮，然后在下拉菜单中选择"在标记处跳跃剪切"→"10帧"，如图4-171所示。

图4-170

图4-171

STEP 08 片段"PA0A1123"的速度提示条上的标记点后，会增加一帧的蓝色区域。播放这个片段，此时软件会有一个10秒的跳剪，如图4-172所示。

图4-172

跳剪，也是剪辑中常见的一种剪辑手法，这种剪辑手法类似于抽帧，也能够压缩时空，增加片段节奏感，有时在面对一些过于平淡的片段，也可使用这种办法来处理片段。

FCPX，就可以很好地解决数量较大的跳剪片段，只需多打几个标记点，然后统一进行相同帧数的跳剪。

4.6　多机位片段的处理

剪辑工作最常见的就是一个或多个机位拍摄很多视频片段组，然后通过软件将这些片段进行分类，再进行进一步的粗剪，然后精剪、特效直至成片完成。

然而，有时也会遇到这种情况，例如：晚会多机位同时的录制、新兴的大型真人秀节目、根据音乐节奏快速剪辑等。

这些情况下，通常需要一个类似于现场剪切台的东西，来实现多个角度的机位的快速切换，这就会用到通常被称为多机位剪辑的剪辑方法。

所谓多机位剪辑，就是将同一时间、相同内容、多个机位不同角度的素材进行剪辑。

Final Cut Pro X在软件内置了这个高级功能，用于剪辑多机位素材：可以将多片段组成一个新的组，这一点类似于复合片段。一个多机位片段可以最多容纳64个角度（路视频、轨道），每个角度可以包含多个片段。在软件中建立多机位项目，可以很便捷地实现多机位剪辑。

也可以将不相关的素材分组到一起，以便进行实时蒙太奇编辑。譬如：需要对应音乐节奏点，进行有节奏的快速剪辑。

接下来，就一起来学习一下这个神奇的功能，以满足以后可能遇到的多机位剪辑的工作需求。

首先，在资源库"第四章"中，新建一个名为"4.6"的新事件，快捷键为【Option+N】，在新建的事件中新建一个名为"4.6"的项目。我们为本节专门准备了一个名为"FCPX多角度镜头素材"的文件夹，如图4-173所示。

图4-173

将文件夹中的内容，利用之前学过的方法导入到事件"4.6"中去。下面就来开始这个小节的学习吧。

4.6.1 创建多机位片段

STEP 01 按住鼠标左键不放，然后框选事件"4.6"所有的片段，如图4-174所示。

图4-174

STEP 02 在任意选中片段里，单击鼠标右键，在弹出的下拉菜单中选中"新建多机位片段"，如图4-175所示。

图4-175

或是在片段处于选中状态时，单击软件任务栏中的"文件"→"新建"→"多机位片段"命令，如图4-176所示。

图4-176

STEP 03 这时在事件浏览器中会弹出新建多机位片段的对话框，可以选择新建多机位片段所处的事件，然后单击按钮"好"，如图4-177所示。

图4-177

软件会弹出一个同步多机位片段的进度条，这个进度条的时长会由电脑配置和同步片段的大小，来决定这个过程时间的长短，如图4-178所示。

图4-178

STEP 04 让我们温习前面学到的知识，单击事件浏览器下方的"列表视图"按钮，使事件浏览器中的片段以列表形式排列。这时发现事件浏览器中多了一个未命名的多机位片段，你肯定也发现了新建的多机位片段的图标，有别于其他视频片段，如图4-179所示。

图4-179

现在就新建了一个片段"1~6"组成的多机位片段。

提示1： 项目、片段、复合片段与多机位片段的区别。

为了让大家更清晰地看到项目、片段、复合片段与多机位片段的区别，在这里将这几种片段的图标，依次给大家列举出来，如图4-180所示。

图4-180

以后就可以根据图标的形状，来判断片段的属性。

提示2： 多机位片段的归类。

当素材量过大的时候，可以通过上面所介绍的方法给素材归类，而同一个多级片段中，其包含的素材可能归于不同的关键词精选中，但新建的多机位片段不会继续其中的原始片段的归类，而是创建一个在事件中的全新片段，不带有任何归类等信息的新片段。

STEP 05 双击事件浏览器中新建的"未命名多机位片段"，如图4-181所示。

图4-181

可以看到，多机位片段展开后由6个角度组成。仔细观察后，会发现这6个片段其实是两组多机位镜头，其中每组镜头由3个机位完成。

▶ **实例——解决播放多机位片段的弹框的问题**

在FCXP中，最多允许64个角度的多机位片段同时播放。众所周知，现在的高清摄像机、甚至4K摄像机越来越普及，越来越高的分辨率、位深以及色彩采样、动辄上百兆的码流，给我们也带来了更大的数据流，这极其考验电脑显卡的图像处理速度与硬盘的读写能力。在播放多机位片段的画面时，电脑常会弹出图4-182所示"在回放过程中丢了视频帧"的对话框，这种实时的弹出极大地影响到我们的工作效率，下面来想办法解决这一问题。

图4-182

首先，在弹出的对话框单击"OK"按钮，将对话框关闭。然后，单击软件任务栏中的"Final Cut Pro"→"偏好设置"命令；或按快捷键【Command +,】，如图4-183所示。

图4-183

在弹出的"偏好设置"对话框里，选择"回放"栏，然后取消勾选回放栏中的"回放"选项中的"如果丢帧，停止回放并警告"和"如果由于磁盘性能而丢帧，在回放后警告"这两个选项，然后在"为多机位片段创建优化的媒体"前打钩选中，如图4-184所示。

此时，软件会将多机位片段中的片段（无论原始素材什么编码），自动在后台将其转化为Apple ProRes 422的编码。

Apple ProRes 422，是苹果公司开发的一种编

码，这种编码会最大限度地保留原始素材的色彩与分辨率，同时它的体积相对较小，所以在苹果系统下常用它来做优化媒体的编码。

图4-184

4.6.2　自定义创建多机位片段

在上一节中带大家学会了新建一个多机位片段，但是所建立的多机位片段并非最终想要的。因为我们所提供的素材是两组由3个机位完成的多机位片段。

实际工作中，多机位片段的建立要复杂得多。接下来这个小节里，将为大家介绍多种自定义方式下创建多机位片段，更好地完成多机位片段的创建。

▶ **实例——自定义方式下创建多机位片段**

STEP 01 首先，要将两组片段变成一组片段，然后再建立3个角度的多机位片段即可。

现有片段"1~3""4~6"分别为两组多机位片段，将"1与4""2与5""3与6"合并为3个角度。

STEP 02 在事件浏览器中，使用光标框选中片段"1与4"，如图4-185所示。

图4-185

STEP 03 如果软件中的"检查器"处在隐藏状态，单击软件任务栏中的"窗口"→"显示检查器"命令；或按

快捷键【Command+4】显示检查器。

在软件检查器中，选择"信息"栏，在窗口的左下角的下拉菜单中选择"基本"选项，然后在"摄像机名称"这一栏中输入"A"，如图4-186所示。

图4-186

现在片段"1与4"的摄像机名称，全部被命名为"A"。

STEP 04 与此类同，把片段"2与5""3与6"分别命名为"B""C"。

STEP 05 在事件浏览器中框选片段"1~6"，然后单击鼠标右键，在弹出的下拉菜单中选择"新建多机位片段"，如图4-187所示。

图4-187

STEP 06 此时软件会弹出新建多机位片段的对话框，单击"角度编排"的下拉菜单，选择选项"摄像机名称"，在"多机位片段名称"中输入"编排摄像机名称"，然后单击"好"按钮，如图4-188所示。

图4-188

STEP 07 此时，事件浏览器中又增加了一个新的多机位片段，如图4-189所示。

图4-189

STEP 08 双击新建的"编排摄像机名称"多机位片段，在时间线中会将多机位片段展开，多机位片段已经从6个角度合并为3个角度，但是片段后面3个片段还是没有对齐，如图4-190所示。

图4-190

STEP 09 在事件浏览器中继续框选这6个片段，然后单击鼠标右键选择"新建多机位片段"，在弹出的新建多机位片段中输入"多机位片段最终对齐"，然后在"角度片段排序"的下拉菜单中选择"时间码"，完成以上操作后单击"好"，如图4-191所示。

图4-191

STEP 10 一段时间后，在事件浏览器中又会新建一个名

为"多机位片段最终对齐"的多机位片段，如图4-192所示。

图4-192

STEP 11 双击事件浏览器中新建的多机位片段，如图4-193所示。

图4-193

此时，可以检查时间线中的片段，软件已经自动将两组画面的6个片段自动对齐为3个视角的一组多机位片段，而且软件会根据视频片段中的音频波形自动对齐。

提示： 不同的片段对齐方式。

很幸运的是这6个片段都有音频素材，所以软件可以根据音频素材的波形进行对齐，有很多时候我们拿到的视频有可能是一段音频素材，再加多条视频素材，这个时候可以选择其他方式将素材对齐（软件默认情况下，使用音频同步选项是自动开启的）。

▶ **实例——时间码对齐**

工作中会遇到，现场拍摄的时候为了保证收音的专业性，经常会使用调音台连接现场的多路话筒，然后摄像机单独拍摄画面的情况。有的摄像机有随机话筒，但由于拍摄角度等现场问题，导致专业话筒录制波形与摄像机随机话筒录制波形相差很大，软件无法保证能够很准确地将片段对齐。

这种情况下，现场可以将所有摄像机与调音台的时码，通过专业线路进行时码同步，如果我们得到这样的素材，可在摄像机同步时，将"角度同步"选项选择"时间码"，那么此时片段也可通过时间码进行同步，如图4-194所示。

图4-194

▶ **实例——标记点同步**

如果我们所拿到的同步片段，既没有在前期拍摄中进行时间码同步，软件也没有很好地完成音频同步，此时可以通过标记点来进行画面同步。

现在以片段"1~3"为例，进行一组的标记点同步演示。

首先，播放片段"1"，观察画面中比较好标记的地方以此来对齐3个机位的片段。我们发现可以将主持人把左手放到厨师肩膀上，作为标记点来对齐3个角度的视频。

然后，分别将3个片段的这个动作处打上标记点，如图4-195所示。

图4-195

框选3个已经做好标记的片段，然后在鼠标右键的下拉菜单中选择"新建多机位片段"选项。在弹出的对话框的"角度同步"栏中，选择"角度上第一个标记点"的选项。将多机位片段名称改为"标记点对齐"，然后单击"好"，如图4-196所示。

双击事件浏览器中，新建的名为"标记点对齐"的多机位片段。这时，时间线中的3个片段会以标记点为基准对齐，如图4-197所示。

图4-196

图4-197

▶ **实例——手动对齐同步**

　　播放用标记点对齐的多机位片段，有可能会因为摄像机的角度不同，而对动作的判定有不同的选择，从而导致3个角度并没有完全对齐，此时，可以通过对时间线中的3个片段的挪动，来实现手动将3个角度对齐的效果。

　　在时间线中展开的多机位片段，软件的工具会默认切换到"位置"工具，单击选中想要挪动的片段，然后通过快捷键组【,】或【.】来进行向左或右一帧的挪动；如果画面对齐差距较大，可按快捷键【Shift+,】或【Shift+.】向左或右进行5帧的挪动，如图4-198所示。

图4-198

4.6.3　剪辑多机位片段

　　通过之前的努力，我们已经在事件"4.6"的浏览器中，得到了一个较为完善的多机位片段"多机位片段最终对齐"。

　　接下来就开始对这个多机位片段进行编辑工作。

▶ **实例——多机位片段编辑处理**

STEP 01 首先，选中事件浏览器中的多机位片段，然后单击软件任务栏中的"窗口"→"监视器显示"→"显示角度"命令，如图4-199所示。

　　或是单击监视器窗口右上角的按钮处，在弹出的下拉菜单中选择"显示角度"；或按快捷键【Shift+Command+7】，如图4-200所示。

图4-199

图4-200

STEP 02 软件会在监视器的左边，增加一个显示角度的窗口，选中事件浏览器中的片段"多机位片段最终对齐"，如图4-201所示。

图4-201

如果打开的画面，跟图片显示的画面不同的话，可以单击角度显示器右上方的设置按钮，因为现在时间线上只有3个角度，为了让大家尽可能地看清画面，这里选择"4个角度"显示的选项，如图4-202所示。

STEP 03 下面来认识一下角度显示器窗口左上角的3个小图标，它们依次可以按快捷键【Shift+ Option+1、2、3】来进行切换，依次代表：①切换角度时视频音频同时切换；②切换角度时只切换视频；③切换角度时只切换音频，如图4-203所示。

图4-202   图4-203

STEP 04 通过预览，可以发现【角度C】的音频信号较好，是直接接收主持人手中的麦克风信号。那么现在要做的多机位切换的思路是，声音始终使用【角度C】，然后画面根据情况在3个角度间进行切换。

首先，单击事件浏览器中的 "多机位片段最终对齐" 片段，在角度监视器中，单击左上角的仅切换音频选项；或按快捷键【Shift+Option+3】。

然后，单击【角度C】。此时，【角度C】会被绿色音频框选中，因为角度监视器默认先选中【角度

A 】，所以此时【角度A】被蓝色视频框选中，如图4-204所示。

图4-204

提示：若是此操作在时间线中进行，多机位片段会从时间检索线处，进行多机位的剪辑。

STEP 05 接下来，开始多机位片段的切换工作。可以将多机位片段看做是一条普通片段，同样可以使用插入【W】、覆盖【D】、追加【E】和连接【Q】进行编辑。

在事件 "4.6" 中，双击项目 "4.6" 将其在时间线中打开。然后在事件浏览器中，选中片段 "多机位片段最终对齐"，将时间线中的时间检索线移动到时间线的最顶端，按快捷键【D】将片段覆盖到片段上，如图

4-205所示。

图4-205

STEP 06 将时间线中的时间检索线放置到时间线的开始处，将切换方式单击到中间的仅切换视频处；或按快捷键【Shift+Option+2】，如图4-206所示。

图4-206

STEP 07 然后，在时间线上播放这条多机位片段，再利用键盘上的数字键【1】、【2】、【3】，来进行3个片段的角度切换，如图4-207所示。

图4-207

此时，片段被切换画面的瞬间剪切开来。

STEP 08 当然在这里的剪切工作，肯定没办法一次完成，中间肯定有些精细的地方需要进行细致的修改。

经过多机位切换，我们迅速地将片段进行了粗剪，可以在时间线上通过按住鼠标左键，拖动编辑点来进行画面的调整。也可以选中被误剪的编辑点，然后按快捷键【Delete】，取消被剪切的编辑点，如图4-208所示。

STEP 09 在切换过程中，听到当嘉宾说话时，嘉宾身上的麦克风是被输入到【角度B】中。现在将时间检索线放置到嘉宾说话的片段前，如图4-209所示。

然后，在角度监视器中，将切换方式切换到仅音频【Shift+Option+3】，然后单击【角度B】，如图4-210所示。

图4-208

图4-209

图4-210

此时，时间线中的片段会变成画面仍然为【视角C】，音频为【视角B】，这样就完成了对片段音频视角的改变，如图4-211所示。

图4-211

4.7　编辑中常用的便捷方式

在高级编辑这节中，已经为大家介绍了多种精剪时较为便捷的编辑方法。在接下来的这个小节中，将介绍一些看似不太重要，但编者在长时间使用软件所发现的一些小方法，能够让你的编辑工作事半功倍。

首先，在"第四章"的资源库里新建事件"4.5"，快捷键为【Option+N】，全选事件"4.4"中的视频片段，按住【Option】键将事件"4.4"中的片段拖到新建事件"4.5"中，此时，事件"4.4"中的片段就被复制到事件"4.5"中去了。用同样的方法将事件"4.4"中的工程文件"4.4"复制到事件"4.5"，并将事件"4.5"中的工程文件重命名为"4.5"。

4.7.1　时间线外观设置

当时间线在进行一项较大规模的剪辑时，多而杂的素材经常会让我们眼盲，特别在修改时感到无从下手，很可能会弄乱自己的时间线。

那么接下来就来学习一下时间线外观的设置，让大家能够更清晰地看到时间线中的片段内容。

▶ 实例——时间线外观的设置

STEP 01 首先来介绍一下时间线右下角的这两处小功能，如图4-212所示。

图4-212

STEP 02 单击放大镜的减号或加号，可以缩小或放大时间线中片段的缩放级别；也可按快捷键【Command + -】或【Command++】。

需要快速定位时间线片段中的某一位置上的片段时，可以按快捷键【Shift+Z】，可将时间线中所有的片段缩放至窗口大小，如图4-213所示。

图4-213

STEP 03 当编辑完成一个片段时，是否会为时间线中大量连接在主故事情节的连接线而感到烦恼？

单击时间线下方的"片段外观"的胶片装按钮，将

弹出对话框中"显示连接"后的勾号点灭，如图4-214所示。

图4-214

STEP 04 现在可以看到时间线中，所有非主故事情节中的片段连接线都不见了，但是其与主故事情节中片段的主宿关系依然存在，如图4-215所示。

图4-215

随意选中主故事情节中的片段，依附于主故事情节的次级故事情节或连接片段的线会显示出来，其他未选中的部分的连接线依然处在隐藏状态，如图4-216所示。

图4-216

STEP 05 下面再来认识一下，"片段外观"中的片段显示选项。可以看到，在"外观显示"对话框的最上方，

一排方格子里显示着几种片段显示外观，如图4-217所示。

图4-217

任意切换两种片段显示方式，时间线中的片段显示有不同的变化，如图4-218所示。

片段中，视频"连续画面"与"音频波形"宽度都在发生变化。可以通过按快捷键【Control+Option+"↑"/"↓"】，逐级进行"连续画面"与"音频波形"的宽度调整，以适应在编辑时的需求。

图4-218

STEP 06 单击时间线下方的"片段外观"按钮，在弹出对话框的"片段高度"选项中，按住鼠标左键拖动选项中的圆点，此时，时间线中的所有片段的高度都会随圆点的左右移动而变矮或增高，如图4-219所示。

图4-219

STEP 07 在"片段外观"对话框中，展开"显示"选项的菜单，可以让片段显示3种标题。

关于"片段角色"会在后面的章节进行详细介绍，如图4-220所示。

图4-220

4.7.2 巧用时间检索线与片段的独奏、隐藏

接下来的这个段落，会重点介绍时间线右上方的几个按钮所带来的作用。这些技巧将在很大程度上，加快预览素材与编辑片段的速率。

▶ **实例—— 时间线上的按钮使用技巧**

STEP 01 首先介绍时间线右上角的前两个按钮的用途。

在FCPX中，新添了一个视频预览功能，将4个按钮的前两个按钮全部点亮；或按快捷键【S】，如图4-221所示。

图4-221

STEP 02 将光标在时间线中滑动，发现在时间线中除了时间检索线，还会有一条亮黄色的线出现，暂且将其命名为时间预览线，如图4-222所示。

图4-222

时间预览线所到之处，在监视器上会显示相应的画面，与此同时也会有相应的音频声音。

STEP 03 由于每个人滑动光标的速度不一，当使用时间预览线进行片段预览时，你所听到的音频内容可能是断断续续的，伴随着音高的不同，也有可能感觉到这种杂乱的预览声音，这会影响到我们的编辑状态。此时，可以单击第2个按钮，将其点灭；或按快捷键【Shift+S】，如图4-223所示。

图4-223

再次滑动时间预览线时，预览声音就会自行关闭。

STEP 04 选中时间线中的片段"MI1A7791"，然后点亮时间线第3个按钮"单独播放所选项"；或按快捷键【Option+S】，如图4-224所示。

图4-224

STEP 05 此时，在时间线中除了所选片段，其他片段都变成了黑白色。播放这个片段，发现时间线中其他片段的声音都被屏蔽掉了，画面会增长播放，唯一能够听到的音频声音来自于所选片段。再次单击"单独播放所选项"按钮；或按快捷键【Option+S】，片段会恢复到之前的正常状态，如图4-225所示。

图4-225

STEP 06 点亮时间线右上角的"吸附"按钮，或按快捷键【N】，如图4-226所示。

图4-226

拖动时间检索线，当其不在片段编辑头或标记点时，检索线显示为橘黄色；当检索线处在编辑头或标记点时，检索线显示为亮黄色，如图4-227所示。

图4-227

STEP 07 再次选中时间线中的片段"MI1A7791"，然后单击软件任务栏选择"片段"→"停用"，或按快捷键【Ｖ】，如图4-228所示。

图4-228

STEP 08 此时，时间线中的片段"MI1A7791"处在半黑状态。播放这个片段，监视器中并没有这个片段的图像显示；如果隐藏片段下方有片段，那软件会自动默认隐藏片段不存在，而显示下方片段。再次按快捷键【Ｖ】，此片段又会被再次启用，如图4-229所示。

图4-229

4.7.3 使用时码与改变、忽略连接线

摄像机在拍摄时会有一个时码，这个时码会伴随着被记录到素材上，在剪辑中可以用时码来同步多机位片段；时间线上也有一个时间时码，它可以让我们准确得到编辑的时长。无论什么样的时码，都会在后期编辑中带来很多的便捷。

下面对时码的种类与应用做一下介绍。

STEP 01 先分别来认识一下，在前期拍摄中经常使用的3种时码："TC"码、"CTL"码、"UB"码。

TC码：国际上通用的一种描述磁带上所记录信息的地址的二进制码。由于TC码是绝对码，表示的是磁带位置的绝对信息，采编人员可以利用前期的场记，在后期编辑时把有用的节目素材段起始与终止点的TC码作为编辑的入点和出点，可方便地完成节目上载，或利用TC码进行EDL编辑，提高编辑工作的效率。

CTL码：英文ConTroL的缩写，是由专用的CTL磁头在录像带控制磁迹上记录的控制信号，是频率为25Hz（PAL制的帧频）的方波脉冲。计数方式按XX小时XX分钟XX秒XX帧的形式表示磁带的位置，每25个脉冲计算为1秒。

UB码：是一种类似于TC码的记录时码。TC是时间代码，UB是用户比特。在摄像机菜单里预设时间代码和用户比特。TC码是摄像机按下录制开关后才会跑的时码，UB码是摄像机始终都在跑的时码。这个预设主要用于二台以上的摄像机拍摄相同画面时，可以不用考虑摄像机换卡、换电池等问题，便于后期的编辑制作方便。

数字化音响中用电脉冲表达音频信号，"1"代表有脉冲，"0"代表脉冲间隔。比特数越高，表达模拟信号就越精确，对音频信号还原能力越强。

STEP 02 锁定事件浏览器中"MI1A7860"与"MI1A7861"这两个片段，从文件名上可以判定，这是前期拍摄中，两个前后相挨的视频段落，如图4-230所示。

图4-230

STEP 03 将播放头放置到片段"MI1A7860"最后一帧，再将播放头放置到片段"MI1A7861"最开始的一帧，分别观察时码窗口的数字。得到图4-231所示的两个时码，很显然这两个片段肯定没有23个小时这样的长度；再加上前一片段的末帧与后一片段的首帧，正好可以衔接起来，这说明此时时码窗口中显示的为摄像机的"TC"码。

图4-231

STEP 04 按快捷键【R】，将软件工具切换至"范围选择"工具。当片段"MI1A7860"处于没有被选中的状态时，在片段"MI1A7860"按住鼠标左键滑动建立一个选区，在拖动鼠标的时候后面会出现一个时码，根据图片中的时码，说明我们已经建立起一个时长为"01:22"的片段，如图4-232所示。

图4-232

STEP 05 保持事件浏览器中的片段"MI1A7860"处在被选中的状态，按快捷键【Control+D】，如图4-233所示。

图4-233

观察此时的时码窗口，发现其显示的是片段长度，如图4-234所示。

图4-234

使用数字键盘键入数字"20"，然后按键盘上的【return】键。此时，软件会自动将选区从开始处，建立一个新的20帧长度的选区。

再次按快捷键【Control+D】，可以确定此时片段确实为20帧的长度，如图4-235所示。

图4-235

STEP 06 保持事件浏览器中的片段"MI1A7860"处在被选中的状态，按快捷键【Control+D】。

使用数字键盘输入"+10"的数字，然后按键盘上的【return】键。此时，软件会自动将选区从结尾处增加10帧的选区，如图4-236所示。

图4-236

再次按快捷键【Control+D】，时码窗口显示为"01:05"的字样。因为时间线的帧速率为25帧每秒，经过换算此时选区的长度为30帧，如图4-237所示。

图4-237

通过这种方式，可以精确地建立相关长度的选区。

STEP 07 保持事件浏览器中的片段"MI1A7860"处在被选中的状态，按快捷键【Control+P】。

时码窗口中，后面的的标志变成了针状，使用数字键盘键入数字"50"，软件自动换算为"02:00"的字样，如图4-238所示。

图4-238

与此同时，事件浏览器中的播放头也会自动跳到从开头到50帧的位置，如图4-239所示。

图4-239

STEP 08 再次按快捷键【Control+P】，然后使用键盘键入"+10"，发现指针的后面增加了一个向后的箭头，然后按键盘上的【return】键，如图4-240所示。

图4-240

此时，事件浏览器中的播放头会向后挪动10帧，

如图4-241所示。

图4-241

以上已较为全面地介绍了时码在事件浏览器中的使用。接下来让我们看一下时码在时间线中的使用。

▶ 实例—— 时码在时间线中的使用

STEP 01 时码在时间线中的使用方法，在之前的章节中也有提及，其与在事件浏览器中的使用类同。也可以按快捷键【Control+D】，然后在时码窗口键入数字，改变时间上片段的长度。

使用鼠标单击时间线中任意位置，将其切换到时间线窗口；或按快捷键【Command+2】。使用鼠标双击时码窗口中的时码位置；或按快捷键【Command + P】。使用数字键盘键入"2000"，软件会自动识别为"20:00"，然后按键盘上的【return】键，如图4-242所示。

图4-242

STEP 02 此时，时间线中的时间检索线自动跳到时间线20分钟的位置。可以使用这种方法快速定位时间线中的位置，这种方法被称为"时间码导航"，如图4-243所示。

图4-243

STEP 03 在这节里再增加一个小的知识点——怎样忽略片段连接线。

FCPX提供了创造性的磁性工作线，与此同时取消了轨道的概念，这种创新的方式极大地方便了我们编辑工作，但有时也会产生一些苦恼。

例如：在时间线中的片段"MI1A7791"处，如果仅想要移动片段"MI1A7791"的位置，而不想挪动其连接的次级故事片段时，如图4-244所示。

图4-244

现在提供两种方法来解决这个问题。

▶ **实例——改变连接线位置**

选中片段"MI1A7791"上连接的次级故事情节，然后按住快捷键【Command+Option】，在片段"MI1A7791"后的空隙片段，将光标左键放到次级故事情节的上边缘，单击鼠标左键。

此时，次级故事情节的连接线，由片段"MI1A7791"改变到后面的空隙片段上去了，如图4-245所示。

图4-245

按快捷键【Command+Z】恢复上一步的状态，将次级故事情节的连接线恢复到片段"MI1A7791"上。

▶ **实例——忽略连接线**

按住快捷键【`】，此时，时间线中的光标后会增加一个斜杠横过连接线的小标志 。

继续按住快捷键【`】，然后按住鼠标左键拖动片段"MI1A7791"，如图4-246所示。

图4-246

　　此时，片段"MI1A7791"附属的次级故事情节并没有跟随移动，而且软件会自动将片段"MI1A7791"的位置用空隙来填补。

第5章

画龙点睛——滤镜及转场

滤镜，是指将一种效果添加到视频或音频上。可以形象地理解为给电影镜头戴上了一个有色的镜片。很多时候画面上的细小修饰，会更加突出画面的主体，带来更丰富的视觉体验，提高整个影片的视觉品质。

转场，两个视频片段之间的一种剪辑处理。能够很好地将两个镜头以一种特效的方式过渡，很多时候它可以对片段组镜起到累积感的作用，并增加片段强调性；或是增强片段节奏感；抑或是使镜头跳点平滑过渡。

FCPX，准备了许多高品质的视频滤镜，加之64位的软件架构，充分地释放电脑性能，能够轻松地处理多重滤镜及复杂转场带来的复杂运算。

与此同时，FCPX比之前的FCP7更加开放，允许大量第三方插件搭载软件平台，其中音频方面增加大量Logic专业音频插件，而且很大程度上提高其稳定性。

在这章里，将着重介绍常用视频滤镜的使用方法。

首先，建立一个名为"第五章"的资源库，将资源库"第四章"中的事件"4.7"复制到资源库"第五章"中。然后将复制过来的事件重命名为"5.1"，并将事件"5.1"中的工程文件也重命名为"5.1"。最后删除新建资源库中默认建立的其他事件（每个资源库中至少需要一个事件）。

5.1 添加视频滤镜

Final Cut Pro X除了提供全新的素材规整，以及强大编辑功能外，也提供了一个丰富多彩的滤镜库，可以很便捷地将滤镜拖曳到片段上。为了增加片段效果的多样性，还可以在一个片段上赋予多层滤镜效果。与此同时，通过关键帧使这种效果产生变化，从而使单个片段的效果更加具有多样性。

接下来，就介绍一下如何添加视频滤镜。

5.1.1 添加单一滤镜

STEP 01 如果软件里面没有打开效果窗口，那么就需要打开效果窗口。单击软件任务栏中的"窗口"→"媒体浏览器"→"效果"选项；或按快捷键【Command+5】，如图5-1所示。

或者，单击时间线右上方的"效果"按钮，如图5-2所示。

图5-2

STEP 02 现在已经打开了效果窗口，时间线右上角的"效果"按钮也被点亮，如图5-3所示。

图5-3

图5-1

将效果窗口左上角的"所有视频和音频"保持在选中状态。此时，效果窗口的右下角会显示"636项"。这说明Final Cut Pro X，原生自带636个视频和音频效果，如图5-4所示。

图5-4

提示： 关于第三方插件。

FCPX支持多家公司的第三方插件，譬如：FxFactory、Waves等多家知名插件公司，使大量AE合成级软件中的插件能够在剪辑平台使用。第三方插件安装后，会自动添加到效果窗口的项目栏中，可以很便捷地调用这些效果。

STEP 03 将光标在时间线窗口单击，或按快捷键【Command+2】，保持软件处于时间线窗口在选中状态，如图5-5所示。

图5-5

双击时码窗口，或按快捷键【Control+P】。然后使用数字键盘键入数字"2200"，单击Return键，如图5-6所示。

图5-6

此时，时间线中的时间检索线会被放置到片段"R91A9409"与片段"MI1A7791"的重叠区域。

STEP 04 单击选中时间线中的片段"MI1A7791"，然后将光标移动到效果窗口的"交叉影线"效果上，效果

小窗口会出现一个微缩的预览效果（放置到其他效果选项相同），如图5-7所示。

图5-7

STEP 05 保持光标处在当前效果选项，在监视器中也会出现片段"MI1A7791"添加此效果后的预览效果，如图5-8所示。

图5-8

STEP 06 在时间线中单击空白区域，取消时间线中选中的片段，保持时间检索线处于"22:00"的位置不变，如图5-9所示。

图5-9

STEP 07 再次进入效果窗口，将光标移至相同的"交叉影线"效果。此时，"交叉影线"效果上的预览画面，变成了片段"MI1A7791"上方的片段"R91A9409"的预览效果，如图5-10所示。

图5-10

与此同时，监视器中的画面也变成了片段"R91A9409"的预览效果，如图5-11所示。

图5-11

FCPX拥有强大的图像处理能力，允许用户实时预览添加视频滤镜后视频片段的效果。

提示： 无论监视器中当前选中的现实比例有多大，当处在预览效果时，监视器中的画面都会默认铺满全屏，以便看到整个画面的特效处理后的效果。

STEP 08 现在还没有真正地将滤镜添加到片段"R91A9409"上，下面来介绍一下如何将滤镜添加到片段上。

单击视频效果"交叉影线"选项，按住鼠标左键将特效选项从效果窗口拖动到时间线上的片段"R91A9409"处，光标在片段上方会增加一个加号的标志，与此同时，片段被蒙上了一层半透明的白色，如图5-12所示。

图5-12

STEP 09 保持时间线中的片段"R91A9409"处于被选

中的状态。如果检查器窗口处在隐藏状态，就按快捷键【Command+4】将检查器窗口打开。

可以在监视器窗口的效果栏里，看到新添加的视频效果。还可以在监视器中通过调节特效参数来改变片段效果，如图5-13所示。

图5-13

▶ **实例——快速制作试演特效片段**

① 单击视频效果"交叉影线"选项，按住鼠标左键及快捷键【Control】，将特效选项从效果窗口拖动到时间线上的片段"R91A9481"处，光标在片段上方会增加一个加号的标志，与此同时，片段被蒙上了一层半透明的白色，放开鼠标左键，如图5-14所示。

图5-14

② 会发现片段"R91A9481"左上方的名称处，多了一个试演片段的标志，如图5-15所示。

图5-15

按快捷键【Y】可以打开片段的试演效果，发现软件被建立了两个试演片段：其中一个为时间线中的原始片段；另一个是添加滤镜后的片段。单击试演对话框中的"完成"选项，将试演对话框关闭，如图5-16所示。

图5-16

③ 按快捷键【Control+Option+"←"/"→"】，通过这种方式快速切换片段，添加滤镜前后的效果。

将片段"R91A9481"在试演中切换到添加滤镜后的状态，右击该片段，在弹出的菜单中单击"试演"→"完成试演"选项；或按快捷键【Option+Shift+Y】，如图5-17所示。

图5-17

④ 此时片段"R91A9409"与"R91A9481"都被添加上了视频效果"交叉影线"，如图5-18所示。

图5-18

▶ 实例——双击添加特效

① 单击选中时间线中的片段"R91A9403"，如

图5-19所示。

图5-19

② 双击效果窗口中的"交叉影线"效果选项，如图5-20所示。

③ 可以在检查器中看到片段"R91A9403"，已经被添加了"交叉影线"的效果，如图5-21所示。

图5-20　　　　　　　图5-21

5.1.2　添加多层滤镜及删除、隐藏滤镜

在实际应用中，为了丰富片段的质感以达到要求的效果，往往会对片段进行多层滤镜效果的添加。

那么接下来介绍一下，如何为片段添加多层滤镜。

▶ 实例——为片段添加多层滤镜

STEP 01 单击视频效果"假像"选项，按住鼠标左键将特效选项从效果窗口拖动到时间线上的片段"R91A9409"处，光标在片段上方会增加一个加号的标志，与此同时，片段被蒙上了一层半透明的白色，放开鼠标左键，如图5-22所示。

图5-22

STEP 02 保持时间线上的片段"R91A9409"处在选中状态，查看检查器窗口会发现片段被添加了"交叉影线"与"假象"两个滤镜，如图5-23所示。

图5-23

STEP 03 观察视频监视器中的画面，现在片段"R91A9409"被赋予了两层滤镜，如图5-24所示。

图5-24

STEP 04 回到软件的检查器窗口，将光标移至效果栏中的"假像"效果上，按住鼠标左键将"假像"效果向上提到"交叉影线"效果上方，如图5-25所示。

图5-25

STEP 05 此时，再次观察监视器中的画面，虽然片段"R91A9409"与之前一样都被赋予了两层滤镜，但是其最终显示结果并不相同。软件在效果栏中滤镜

效果会自上而下开始自动进行排序，并逐一添加，如图5-26所示。

图5-26

可以看到片段"R91A9409"改变滤镜前后顺序，产生的不同效果。

STEP 06 有很多时候会将不需要的滤镜进行删除或暂时的隐藏处理。那么接下来介绍一下如何删除或隐藏滤镜。

单击选中时间线上的片段"R91A9481"，如图5-27所示。

图5-27

STEP 07 单击检查器窗口，单击窗口效果栏中的"交叉影线"选项，按快捷键【Delete】，如图5-28所示。

图5-28

此时，会发现效果栏中的效果被清空了，监视器中的画面又回归到没添加滤镜前的效果，如图5-29所示。

图5-29

STEP 08 单击选中时间线上的片段"R91A9403",如图5-30所示。

图5-30

STEP 09 在检查器窗口中,单击效果栏中的"交叉影线"选项前的蓝色方框,如图5-31所示。

图5-31

可以看到"交叉影线"效果前的蓝色方框被点灭,与此同时,监视器中的画面也回到了没有添加滤镜前的状态。

此时,就将该片段的滤镜效果隐藏起来了,如图5-32所示。

图5-32

5.1.3 给多个片段添加滤镜及复制片段滤镜

剪辑工作是为了使镜头组镜效果统一,添加视频效

果的片段有可能会是成组的添加。而上面这种单个片段添加视频效果的方式,极大地增加了不必要的工作量。接下来介绍一下如何成组地为片段添加视频效果。

▶ **实例——为片段添加视频效果**

STEP 01 在时间线中,按住鼠标左键框选片段"R91A9481""R91A9403""R91A9393",如图5-33所示。

图5-33

STEP 02 此时,如果将效果窗口的滤镜,随意拖到这3个片段中任意一个片段上,其都无法同时为3个片段添加特效。所以这种拖曳的办法是无法在同时选中的多个片段中,同时赋予选中片段滤镜特效的,如图5-34所示。

图5-34

STEP 03 按快捷键【Command+Z】,恢复上面添加滤镜特效任务,保持时间线中3个片段处于选中状态。

双击特效窗口中的特效"交叉影线"选项,如图5-35所示。

图5-35

STEP 04 可以发现时间线中，3个被选中片段的上方已显示出橙红色带渲染条，通过播放这个小片段，发现3个被选中片段都被添加上了"交叉影线"的视频滤镜，如图5-36所示。

图5-36

以上实现了简单地给多个片段添加滤镜的任务。但是，在实际应用中需要调整滤镜的有关参数，所以往往先将一个片段的滤镜参数调整合适后，再将调整完成的滤镜复制到其他片段上，从而实现镜头组镜滤镜相同的效果。

接下来再介绍一下如何复制片段属性，并将其赋予其他片段。

▶ **实例——复制片段属性给其他片段**

STEP 01 按快捷键【Command+Z】撤销以上3个片段添加滤镜的任务。

现在，片段"R91A9409"被添加了两层视频滤镜，需要将片段"R91A9409"上的两个滤镜复制到时间线中被框选的3个片段，如图5-37所示。

图5-37

STEP 02 单击选中时间线中的片段"R91A9409"，按快捷键【Command+C】复制被选中的片段，如图5-38所示。

图5-38

STEP 03 再次选中片段"R91A9409"后面的3个片段，然后单击软件任务栏中的"编辑"→"粘贴属性"；或按快捷键【Shift+Command+V】，如图5-39所示。

STEP 04 可以看到软件自动弹出"粘贴属性"对话框，然后在对话框中勾选"效果"选项，然后单击粘贴，如图5-40所示。

图5-39   图5-40

STEP 05 通过播放这个片段，或分别单击这些片段查看检查器中的效果栏，可以发现时间线上的后面3个片段，都被赋予了与片段"R91A9409"上相同属性、相同参数的特效滤镜，如图5-41所示。

图5-41

通过这种方法，可以先对需要添加滤镜的镜头组中的一个镜头，进行相关滤镜添加及相应的参数调整，然后通过复制该片段，再将片段上的属性复制到其他镜头上。这样既可以减少工作量，也可以减少不必要的错误操作的发生。

5.2 为滤镜设置关键帧动画

在这节中将介绍滤镜参数的调整，以及通过建立关键帧，为片段滤镜增加更多变化。

▶ **实例——为滤镜设置关键帧动画**

首先，在"第五章"的资源库里新建事件"5.2"，快捷键为【Option+N】，全选事件"5.1"中的视频片段，按住【Option】键将事件"5.1"中的片段拖到新建事件"5.2"中，此时，事件"5.1"中的片段就被复制到事件"5.2"中去了。用同样的方法将事件"5.1"中的工程文件"5.1"复制到事件"5.2"，并将事件"5.2"中的工程文件重命名为"5.2"。

STEP 01 双击打开事件"5.2"中的工程文件"5.2"，将时间线中的时间检索线，放置到时间线中的片段"MI1A7791"的开头处，播放这个片段。

可以看出这个片段的大概意思为：3个穿戴时尚的年轻女子进入了一个古色古香的镇子，然后她们一起穿着韩服，品味这个小镇的韵味，如图5-42所示。

图5-42

思路：3个女孩从穿着现代衣服到穿韩服，这个地方需要一个滤镜来过渡，滤镜是从无到有的一个渐变过程，然后这个滤镜还需要从片段"R91A9403"处，顺着女主人公手上的动势产生从有到无的一个渐变。

要完成这个构想，需要将这几个片段中原有的视频滤镜删除，然后将这几个片段重新建立起一个复合片段，这样将方便为滤镜添加关键帧动画。

STEP 02 按住鼠标左键，在时间线中框选片段"R91A9409""R91A9481""R91A9403""R91A9393"这4个带有滤镜的片段，如图5-43所示。

图5-43

STEP 03 保持4个片段处在被选中的状态,单击软件任务栏中的"片段"→"显示视频动画";或按快捷键【Control+V】,如图5-44所示。

STEP 04 此时,发现时间线上的4个被选中片段的动画页面被展开了,如图5-45所示。

图5-44

图5-45

　　单击选中任意片段上的附加滤镜,被选中的滤镜显示高亮,按快捷键【Delete】快速删除滤镜,如图5-46所示。

　　使用这种办法删除片段上的滤镜,避免了在时间线窗口与检查器窗口之间来回的切换,极大地提高了工作效率。

图5-46

图5-47

STEP 05 使用这种方法可以将这4个片段上添加的滤镜快速删除，如图5-47所示。

STEP 06 单击选中时间线中的片段"MI1A7791"以及其连接的次级故事情节，如图5-48所示。

图5-48

单击软件任务栏中的"文件"→"新建"→"复合片段"；或按快捷键【Option+G】，如图5-49所示。

图5-49

在弹出的新建复合片段窗口中，可以为复合片段重命名，然后单击"好"按钮，新建一个复合片段，如图5-50所示。

图5-50

STEP 07 在效果窗口中，拥有大量的滤镜效果，请选择滤镜中的"光源"分栏中的"散景随机"（通过分栏减少查找的工作量），如图5-51所示。

图5-51

将"散景随机"效果放置到新建的复合片段上，如图5-52所示。

图5-52

STEP 08 使用与上一步操作相同的方法，将效果窗口中"风格化"分栏中的"电影颗粒""超级8毫米"效果添加到复合片段上。

STEP 09 播放这个添加了三重滤镜的复合片段（如果电脑出现卡顿，可按快捷键【Command+R】，进行片段渲染）。

通过播放片段，能够察觉到视频片段中的离散光点有些多，那么就在检查器中，将这些参数进行调整。

单击检查器窗口，在"散景随机"这个效果中，将"Size""Number"分别减少一半，输入数字"25"，如图5-53所示。

图5-53

STEP 10 单击时间线中新建的复合片段，然后按快捷键【Control+V】，将时间线中的复合片段视频动画展开，可以看到刚添加进去的3个滤镜效果，如图5-54所示。

图5-54

STEP 11 在复合片段中找到第一个镜头快结束的位置，要从这个位置开始添加滤镜效果，在时间线"20:20"的位置。

可以利用上一章中所介绍的时间检索功能，双击时码窗口的时码处，然后键入数字"2020"，单击键盘上的【Return】键，如图5-55所示。

图5-55

STEP 12 单击复合片段展开的视频动画"散景随机"的开头倒三角处，在下拉菜单中，可以选择该滤镜的多个可调参数，然后添加关键帧，通过改变相关参数制作关键帧动画，如图5-56所示。

现在，在这里将该复合片段中所有的滤镜选择"全部"。

图5-56

STEP 13 保持时间线中时间检索线处在"20：20"的位置上，按住功能辅助键【Option】，会发现光标箭头变成"位移"工具标志，标志右边还增加了一个白点【位移】，如图5-57所示。

图5-57

将3个滤镜都在此处打上关键帧。

仍然保持时间检索线位置不变，在检查器中，可以发现所有可调节关键帧都变成高亮状态，如图5-58所示。

图5-58

在该片段的下一个位置处，可以通过键入不同的效果参数，从而获得相应的关键帧动画。

STEP 14 请不要忘记，刚开始的思路是需要建立一个过渡进入与过渡淡出的滤镜效果。由于该复合片段中需要调整的参数过多，而且有些滤镜并不能通过调整参数而完全消除效果，所以需要寻找新的方法实现想要的效果。

利用之前学过的知识，按住功能辅助键【Option】，选中新建的复合片段，然后按住鼠标左键将复合片段向上移动，会发现光标处增加加号标记，松开鼠标左键，如图5-59所示。

图5-59

STEP 15 再次选中复合片段，按快捷键【Shift+F】，将复合片段在事件浏览器中定位，使用连接编辑快捷键【Q】。将新放置的片段放置到新复制片段的下方，如图5-60所示。

图5-60

STEP 16 按快捷键【Control+V】展开最上方带特效的复合片段，展示其"不透明度"选项，然后在"20：20"处顺着女主人公手上的动势建立两个不透明渐变，如图5-61所示。

图5-61

　　播放这个片段，会发现已经得到了最初想要的结果。
　　删除或隐藏时间线中复合片段中的最下面一层，这样可以减轻软件的运算量。

5.3 滤镜的使用

上面章节中，已经对滤镜效果有了一些初步的认识，接下来，用一个实例来更深入地了解其他滤镜效果。

FCPX提供了大量的滤镜效果，而这些滤镜效果经过一定的组合使用，可以产生丰富的视觉效果。其中有些效果在过去只有专业的合成软件才能达到，现在可以轻而易举地在FCPX这个平台上完成。

首先，在"第五章"的资源库里新建事件"5.3"，快捷键为【Option+N】，全选事件"5.2"中的视频片段，按住【Option】键将事件"5.2"中的片段拖到新建事件"5.3"中，此时，事件"5.2"中的片段就被复制到事件"5.3"中去了。用同样的方法将事件"5.2"中的工程文件"5.2"复制到事件"5.3"，并将事件"5.3"中的工程文件重命名为"5.3"。

▶ **实例——利用遮罩制作移轴镜头**

STEP 01 单 击 选 中 时 间 线 中 的 首 个 片 段"PA0A1107"。

从开头位置播放这个片段。在这个片段上，之前为了增加画面动感，已经增加了一个放大的效果，给人一种推镜头的感觉，如图5-62所示。

图5-62

现在试图为画面增加一点新的效果。将画面的上下两部分做一些虚焦处理，使镜头中女主人公更加突出，产生一定的移轴镜头的效果。

STEP 02 按住功能辅助键【Option】，选中片段"PA0A1107"，按住鼠标左键向上移动片段，能够快速得到该片段的复制片段，如图5-63所示。

图5-63

与此相同，再次将片段复制，如图5-64所示。

图5-64

STEP 03 此时，可以看到开头处有3个片段连接到主故事情节上，是否感觉到时间线有点杂乱无章。

单击选中最下面一层的片段，然后按快捷键【Command+Option+↓】，此时，最下面一层片段会主动覆盖相应开始点与结束点的时间线位置，如图5-65所示。

图5-65

STEP 04 在效果窗口中选择"抠像"分栏，然后将"渐变遮罩"拖曳到时间线开头片段的最上层，如图5-66所示。

图5-66

光标移动至最上层片段时，光标处会显示加号，而且最上层片段也会显示白色半透明状态，此时松开鼠标左键，"渐变遮罩"也就被赋予到最上层的片段上去了，如图5-67所示。

图5-67

STEP 05 使用光标单独预览上层片段，如图5-68所示。

图5-68

在监视器中，会发现片段下部出现一个过渡性黑色区域，如图5-69所示。

图5-69

使用时间检索线浏览片段时，监视器中的画面却是完整，如图5-70所示。

图5-70

这是因为虽然在最上层建立了一个遮罩，如果单独只看这一层会有个渐变的黑色遮罩区域，这个黑色区域是透明的，是允许下层画面透过的，所以当下面有相同视频内容时，自然用时间检索线浏览片段会显示完整画面。

STEP 06 为了方便观察遮罩效果，按住鼠标左键框选开头片段的下层两个片段，然后按快捷键【V】将这两个片段隐藏，如图5-71所示。

单击鼠标左键，选中最上层视频，然后在检查器中的效果栏中，选中"渐变遮罩"效果，如图5-72所示。

STEP 07 在监视器窗口中，可以看到多了两个白点，拖曳这两个调节点，只保留画面上方房子的部位，如图5-73所示。

图5-71

图5-72

图5-73

图5-74

此时，会发现遮罩被180°的旋转过来了，再次拖曳这两个白点，将遮罩压缩到画面下部仅剩白色栅栏的位置，如图5-75所示。

STEP 08 单击鼠标左键，选中中间层片段，然后按快捷键【V】重启这个片段。将效果窗口中的"渐变遮罩"效果赋予给中间层片段。

按住鼠标左键拖动监视器中"渐变遮罩"滤镜最下面的白点，将其放置到另外一个白点上面，如图5-74所示。

图5-75

STEP 09 选中最下层视频片段,按快捷键【V】重启最下层片段。此时,观察监视器中的画面,如图5-76所示。

由于最下层视频是完整的,所以其自动补齐了上两层遮罩留下的中间部分的透明区域。

STEP 10 用鼠标左键同时框选上两层带有遮罩的视频片段,如图5-77所示。

图5-76

图5-77

在效果窗口中,双击模糊栏中的"高斯曲线"特效,这将会使"高斯曲线"特效添加到框选的上层两个片段上,如图5-78所示。

STEP 11 将时间检索线放置到开头位置,播放这个片段,在监视器窗口中我们已经获得了上下模糊、类似于移轴镜头的画面,如图5-79所示。

图5-78

图5-79

► 实例——利用滤镜制作变焦镜头

选择时间线中的片段"MI1A8119"，由于之前已经为这个虚焦镜头做了一个变速处理，所以再次为这个片段增加一个虚拟变焦的效果，以提升画面的质感。

STEP 01 在时间线中选择片段"MI1A8119"，按快捷键【Command+R】，将该片段的速度条展开。

在展开的片段速度条上，可以看到速度条上有之前做的变速处理，保持片段处在被选中的状态，在剪切的速度点上按快捷键【M】在片段上做上标记点，如图5-80所示。

图5-80

STEP 02 在效果窗口中，将模糊栏中的"聚焦"效果拖曳到片段"MI1A8119"，如图5-81所示。

图5-81

此时，会发现监视器中多了一个白点，与此同时，会围绕白点有一个人为虚拟的聚焦效果，如图5-82所示。

图5-82

STEP 03 在检查器中，通过调整效果栏中的"聚焦"的相关参数，使整个画面处在完全模糊的状态，如图5-83所示。

图5-83

STEP 04 在时间线中单击选中片段"MI1A8119"，按快捷键【Control+V】展开片段的视频动画。单击"聚焦"效果的倒三角下拉菜单，选择"全部"选项，如图5-84所示。

图5-84

STEP 05 按住键盘上的辅助功能键【Option】，待光标改变成添加关键帧状态 ，在"聚焦"效果的开头位置单击鼠标左键，如图5-85所示。

图5-85

此时，检查器窗口中的所有关键帧点全部亮起，处在被选中的状态，如图5-86所示。

图5-86

STEP 06 将时间检索线放置到片段标记点的位置。此时就能体现出标记点的作用，标记点的位置会变成剪辑所在的点。

调整效果窗口中相关的参数，直至整个画面清晰起来。会发现调整过参数后的关键帧点再次被点亮，如图5-87所示。

图5-87

与此同时，在时间线中被选中片段的标记点位置，特效"聚焦"选项也会自动添加一个标记点，如图5-88所示。

图5-88

STEP 07 再次选中这个片段，按快捷键【、】反复播放这个片段，查看制作的变焦效果。如果对变焦的幅度认为还不够的话，可以单击选中第一个关键帧点，并将时间检索线移动到这个位置，通过调整参数使画面更模糊一些，从而加大变焦的幅度，如图5-89所示。

图5-89

STEP 08 观察整个画面，可能会感觉到画面的锐度还不够，那就单击选中效果窗口中模糊栏中的"锐化"选项，然后拖曳到片段"MI1A8119"上，如图5-90所示。

图5-90

STEP 09 将时间检索线移动到"聚焦"效果的第2个关键帧后，这样监视器中显示的是清晰的画面，然后在检查器中调整一个满意的锐化参数。

增加画面的锐化，也是为了更好地突出变焦这个效果，如图5-91所示。

图5-91

再次播放这个片段，得到了一个比较合适的变焦效果。

5.4 添加视频转场

视频转场是使用在两个片段中间的视频效果，它可以使两个片段更好地过渡，有时候也会为小段落提高节奏。在一些特定的段落里，转场也带有其特定意思，如：在正常片段与回忆片段的连接处，经常使用闪白转场特效，表示后面的片段属于回忆镜头；在抒情的镜头组里，会使用长时间的叠化，使观众沉浸在悠长的回味中；在表示很长一段时间的变化中，也会使用长时间的交叉叠化，这里表示时间的递进。

那么接下来，介绍一下如何为视频片段添加转场。

首先，在"第五章"的资源库里新建事件"5.4"，快捷键为【Option+N】，全选事件"5.3"中的视频片段，按住【Option】键将事件"5.3"中的片段拖到新建事件"5.4"中，此时，事件"5.3"中的片段就被复制到事件"5.4"中去了。用同样的方法将事件"5.3"中的工程文件"5.3"复制到事件"5.4"，并将事件"5.4"中的工程文件重命名为"5.4"。

▶ 实例——在主故事情节上添加视频转场

STEP 01 在时间线中，单击选中片段"PA0A1049"。

现在想要对时间线中的片段"PA0A1049"与前一片段添加一个转场效果，如图5-92所示。

图5-92

STEP 02 在时间线的右侧特效窗口，鼠标左键单击 ▣ 【转场特效】按钮，此时，会看到软件提供了109项自带转场特效。与此同时，还可以通过安装第三方插件获得更多的转场特效，如图5-93所示。

图5-93

STEP 03 将光标移至"交叉叠化"的转场特效上，然后将光标慢慢在上面滑动，可以看到监视器中，有两个画面慢慢地交叉叠化，也可以将光标移至其他效果上观察其转场的效果，从而便于选择转场效果，如图5-94所示。

图5-94

STEP 04 保持时间线中的片段"PA0A1049"处于选中状态，然后双击特效窗口中的"交叉叠化"转场特效。

此时，时间线中的片段"PA0A1049"的两端便会建立起两个"交叉叠化"的转场特效，如图5-95所示。

图5-95

与此相同，可以在时间线中选中其他单个或多个片段，再在特效窗口中预览选择想要的转场特效，然后双击这个转场特效，就会在选中的片段上得到想要的转场特效了。

STEP 05 在时间线中，对于刚刚建立的转场效果中，如果并不想要片段结束点与空隙所建立的转场效果。那么，可以在时间线中单击选中该转场特效，然后按快捷键【Delete】，即可快速删除该转场特效，如图5-96所示。

图5-96

STEP 06 将时间线中片段"PA0A1049"的前段特效也用上面的方法删除，尝试其他方法为主故事情节中片段添加转场。

单击选中转场效果中的"交叉叠化"效果，按住鼠标左键不放向外拖曳，如图5-97所示。

将光标移送至时间线中片段"PA0A1049"的开始点处，转场特效也跟随而至，此时，松开鼠标左键，那么片段的开始点与上一个片段的结束点就会建立起一

个"交叉叠化"的转场特效，如图5-98所示。

图5-97

图5-98

在主故事情节中，这种拖曳的添加转场的方式，一次仅能添加片段一端的转场效果。

STEP 07 接下来，介绍一下快速替换转场特效的方法。

在转场窗口中，选中"倒叙"转场效果，然后按住鼠标左键将此效果向时间线拖曳，如图5-99所示。

图5-99

将光标放至时间线中片段"PA0A1049"的开始点处已有的"交叉叠化"转场效果上，此时，原有的转场特效将会变成高亮的半透明状，松开鼠标左键，"交

叉叠化"的效果就被替换为"倒叙"的转场效果，如图5-100所示。

图5-100

▶ 实例——在次级故事情节或连接片段上添加视频转场

FCPX，它是一款没有轨道概念的软件。在上个小节中介绍了在主故事情节上如何添加视频转场效果的方法。那么，在这个小节中来看看如何在除了主故事情节以外的地方添加视频转场。

STEP 01 在时间线中单击选中片段"MI1A8113"。可以发现该片段，附属于主故事情节的一个空隙视频上。那么，就以这个片段为例介绍一下，如何添加转场效果，如图5-101所示。

图5-101

STEP 02 保持该片段处在被选中的状态，然后双击效果窗口中的"交叉叠化"特效，如图5-102所示。

图5-102

此时会发现，片段"MI1A8113"的前后端会与前后片段建立起两个"交叉叠化"的转场特效，与此同时，以该片段为中心的前后两个转场特效会自动建立一个小次级故事情节，如图5-103所示。

图5-103

STEP 03 按快捷键【Command+Z】撤销上一步的操作。

单击效果窗口中的"交叉叠化"选中该转场效果，按住鼠标左键向时间线中拖曳该转场特效，如图5-104所示。

图5-104

会发现，当片段处在单独连接状态时，无法像在主故事情节中那样只给片段一端添加转场特效，而只能将此转场特效放置到片段上，松开鼠标左键，会得到跟双击特效窗口中的转场特效相同的转场效果，如图5-105所示。

图5-105

STEP 04 按快捷键【Command】将时间线中片段"MI1A8113"前后的两个转场特效同时选中，然后按快捷键【Delete】将两个转场特效删除，便得到了一个次级故事情节片段，如图5-106所示。

图5-106

STEP 05 再次将效果窗口中的转场效果，向时间线中的片段"MI1A8113"拖曳。会发现在次级故事情节中添加转场效果与主故事情节中的操作是相同的，如图5-107所示。

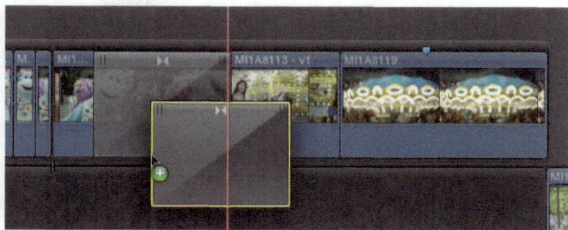

图5-107

5.5 使用视频转场

在上一个章节中，已经学会了如何向时间线中的片段添加转场效果的多种方式，在这里需要提醒一下，在剪辑工作中，并不一定添加的转场效果越多越好，需要确保每一个转场效果有它的意义，有很多时候应该尽量避免大量使用转场效果。

那么，在这节中，将介绍一下如何使用转场效果，怎样合理地调整转场效果。

▶ **实例——合理调整转场效果**

首先，在"第五章"的资源库里新建事件"5.5"，按快捷键【Option+N】，全选事件"5.4"中的视频片段，按住【Option】键将事件"5.4"中的片段拖到新建事件"5.5"中，此时，事件"5.4"中的片段就被复制到事件"5.5"中去了。用同样的方法将事件"5.4"中的工程文件"5.4"复制到事件"5.5"，并将事件"5.5"中的工程文件重命名为"5.5"。

STEP 01 双击打开事件"5.5"中的项目"5.5"，并将时间线中在上个章节添加的转场效果全部删除。

STEP 02 双击时码窗口，然后使用数字键盘键入数字"1820"，按键盘上的【Return】键。

图5-109

此时，时间检索线后是片段"MI1A8503"被中间剪开的两个片段，并将后半部分片段做了慢速处理。分别取该片段的前半部分与后半部分，然后组成了一个跳接的小片段，想在这两个跳接片段中间加入一个转场效果，以使得跳接片段更具视频冲击力，如图5-108所示。

图5-108

STEP 03 经过对转场效果的预览，最终选择了转场窗口中光源分栏的"光噪声"效果，作为这两个跳剪片段的转场效果。

单击选中效果窗口的"光噪声"转场，按住鼠标左键将此转场特效，拖曳到时间线的两个跳接片段中间位置，如图5-109所示。

为了更直观地展示下面的这个功能，使用鼠标将主故事情节中的两个跳接片段与中间的转场效果同时框选起来。然后，按快捷键【Command+Option+↑】，将其从主故事情节中提起，软件会自动将这两个片段连同转场效果一起建立起一个次级故事情节，如图5-110所示。

图5-110

STEP 05 将光标移动至转场效果的左上角，会发现光标变成了卷动编辑的状态，按住鼠标左键向右滑动。此时，右边片段的开始点会自动先后卷动，与此同时，后边片段的时长也在减少，如图5-111所示。

图5-111

与此相同，将光标移至转场效果的右上角，按住鼠标左键向左滑动，此时，左边视频片段的结束点启动向左卷动，左边片段的时长也在减少，如图5-112所示。

图5-112

STEP 06 按快捷键【Command+Z】取消上一步的操作。

将光标移至转场效果的左下部，此时，光标没有了下方的胶卷形状，按住鼠标左键向左滑动鼠标，前后两个片段长度都没有改变，相应的转场效果被加长，如图5-113所示。

图5-113

STEP 07 按快捷键【Command+Z】取消上一步的操作。

单击鼠标左键选中转场效果，然后将光标移至转场效果的中间位置，此时，光标变成了滑动编辑的状态；按住鼠标左键向左移动，片段整体的时长没有改变、转场效果的长度也没有改变，但是，转场效果的位置却在改变，如图5-114所示。

图5-114

STEP 08 按快捷键【Command+Z】取消上一步的操作，然后选中该次级故事情节，按快捷键【Command+Option+↓】将片段覆盖到主故事情节上，如图5-115所示。

图5-115

STEP 09 在主故事情节中，单击鼠标左键选中该视频转场效果。然后单击软件任务栏中的"片段"→"显示精确度编辑器"；或按快捷键【Control+E】，如图5-116所示。

图5-116

或是按住键盘上的【Control】键，然后单击鼠标左键，在弹出的下拉菜单中选择"显示精确度编辑器"，如图5-117所示。

图5-117

STEP 10 在时间线中片段的精确度编辑器被打开，此时，可以很清楚地看到前后两个片段的长度，以及转场效果所占用前后片段的长度。

将光标移动至上层片段转场位置的右侧，会发现光标变成了卷动编辑的状态。按住鼠标左键向右滑动，此时，上层片段的结束点会自动先后延长。与此同时，上层片段的时长也在加长，如图5-118所示。

图5-118

　　将光标放置到编辑器的中间转场效果处,按住鼠标左键向右滑动。可以很清楚地看到整个片段的长度没有发生改变,但转场效果的长度在增加,如图5-119所示。

图5-119

将光标移动到转场效果的中间部位，会发现光标变成了滑动编辑的状态，按住鼠标左键向右滑动光标。会发现此时整个片段的时间长度没有发生改变，而且转场效果的长度也没有发生改变，只是转场效果的位置发生了改变，如图5-120所示。

图5-120

按快捷键【Esc】，或单击时间线右下角的"关闭精确度编辑器"的按钮，将精确度编辑器关闭。

STEP 11 以上介绍了转场效果各种位置的调整，下面再次选中时间线中的转场特效。单击检查器窗口，如果转场片段中包含音频效果，可以通过选择"音频交叉渐变"栏中的"淡入""淡出"效果来调整音频的交叉方式，有些转场的视频效果也可以在这个地方进行相应参数的调整，如图5-121所示。

图5-121

第6章

融会贯通——抠像与合成

如果说滤镜是一个镜头内部的事情，那么，合成就是几个镜头合在一起的事情。

Final Cut Pro X不仅拥有强大的剪辑功能，还可以直接在软件里创建复杂的、多层动画合成画面。在滤镜的章节中，介绍了滤镜在片段中的使用方法，它使单个镜头产生更多的变化。在合成章节里，将为大家介绍几个视频元素有效地结合到一起，合成一个新的片段时所呈现的效果。

本节重点介绍软件的多种抠像功能，以及将得到的抠像结果通过不同的方式合成在一起，组成一个更为绚丽的新片段。

首先，建立一个名为"第六章"的资源库，将资源库"第五章"中的事件"5.5"复制到资源库"第六章"中，然后将复制过来的事件重命名为"6.1"，并将事件"6.1"中的工程文件也重命名为"6.1"。删除新建资源库中默认建立的其他事件（每个资源库中至少需要一个事件）。

6.1 抠像

现在越来越多的影视作品，开始大量使用蓝布或绿布进行布景拍摄，在后期中将大块色布进行色彩抠除，然后再将其他内容合成到空出的部分。

这种抠图的方式经常应用在车辆行驶中的场景以及大型场面的合成、虚拟演播室等，此举极大地节省了前期拍摄的费用，而且经过后期处理也会得到不错的视听效果。

使用过Adobe Photoshop的用户应该接触过图片的抠图，图片有时候为了抠取效果更加精致，往往采用套索工具，就是将整个图形的边画出来，然后整体删除其他没用的地方，再做细微处的擦除修正。

而在视频中不可能像图片一样做这种细微的抠图处理，因为视频是由很多运动的单帧画面组成的片段，不可能将视频输出单帧来进行逐帧的抠取，所以工作中经常会用色彩、亮度、遮罩等来进行图像的抠图处理，那么接下来就开始介绍FCPX带来的强大抠图工具。

6.1.1 色彩抠像

色彩抠像，顾名思义就是将画面中相同色彩的区域

抠除掉。

▶ **实例——色彩抠像练习**

STEP 01 在教程中已经为大家准备了一个色彩抠像的素材。

首先，为抠像素材建立一个关键词精选，然后将其导入。在事件浏览器中，右键单击事件"6.1"，然后在弹出菜单中选择"新建关键词精选"；或用鼠标左键选中事件"6.1"，按快捷键【Command+Shift+K】，如图6-1所示。

在弹出的"新建关键词精选"中，键入"抠图文件"，按【Return】键确定，再利用之前学过的知识，将文件导入到关键词精选中，如图6-2所示。

图6-1

图6-2

提示： 前期拍摄注意事项。

在抠像中，如果前期拍摄出现问题，后期补救措施再厉害，也无法做出完美的补救效果。因此，在这里对前期拍摄给出一些建议，以及一些必要的注意事项。

① 理论上选择任何一种色彩作为背景色都可以，但在抠像素材中，见过的最多的是绿色背景。这是因为RGB（红、绿、蓝）为三原色，这3种颜色混合会产生千万种的色彩，这几乎涵盖了人类视力所能感知的所有色彩。摄像机在记录色彩时，也是利用这个原理将三原色混合而得来，如图6-3所示。

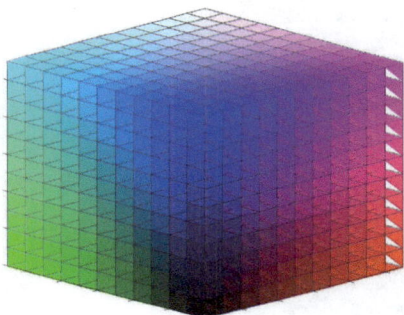

图6-3

摄像机在处理两个或3个混合起来的色度，要比单纯地处理一个色度难度要大一些，而又因为人的肤色中有红的成分，外国人的眼睛中有蓝色的成分，所以拍摄中常见的背景以绿色居多。

在拍摄时，拍摄主体的色彩应避免与背景有重合及相近的地方。

② 背景幕布不要使用会出现高光反光的材质，这样摄像机会因为拍摄过曝而无法记录高光区域的色彩。

③ 背景幕布光线打得要均匀，不要出现暗区阴影。

④ 拍摄主人公尽量不要出现过多的发丝，这样会给后期抠像带来很大的难度。

⑤ 使用大光圈拍摄，尽量将主体与背景脱离开，让主体的边缘明细，以方便后期处理。

STEP 02 将事件浏览器中的片段"拼图"有用的部分建立一个选区，如图6-4所示。

图6-4

单击软件任务栏中的"编辑"→"连接到主要故事情节"；或按快捷键【Q】，如图6-5所示。

图6-5

STEP 03 为了能够观察到抠图后的效果，在视频下层加上一层纯白色的视频片段。

将时间检索线移动到"抠图"片段的开头位置，单击软件任务栏中的"编辑"→"连接到主要故事情节"；或按快捷键【Q】，如图6-6所示。

图6-6

按住功能辅助键【Shift】，选中时间线中的片段"白色"，按住鼠标左键将白色片段放置到"抠图"片段下方，软件会自动将两个片段的开头对齐，当白色片段到达下层后放开鼠标左键，如图6-7所示。

图6-7

提示： 如果有条件的话，可以在抠图前，先将片段色彩调整一下。将后面背景墙的饱和度做点提高，画面的对比度做一些提高，以增加软件对于背景色的识别度。

STEP 04 单击选中时间线中的"抠图"片段，在效果窗口中选择"抠像器"效果，可以通过双击或拖曳将其赋予片段"抠图"，如图6-8所示。

图6-8

STEP 05 "抠像器"效果会自动检测片段中的大面积单一色块，然后自动将检测到的单色抠除。

播放这个片段，对比前后视频效果，基本上软件很好地清除了画面中的大部分背景色块，如图6-9所示。

图6-9

STEP 06 选中"抠图"片段，然后单击监视器窗口，按快捷键【Command+"="】，将画面放大到足够大的位置。

当画面放大到超出监视器画框的位置时，在监视器窗口中会自动出现一个小窗口，灰色大区域代表整个画面的大小，红色小框区域代表当前监视器中所显示的画面，如图6-10所示。

图6-10

将光标移至小窗口处，待光标自动转化成抓手工具时，按住鼠标左键拖动小窗口中的红色小块，软件会显示画面的不同部位。

在移动光标时，发现画面中主人公的肩部等部位的边缘，抠除的不是特别干净，如图6-11所示。

图6-11

STEP 07 保持片段处在选中状态，在检查器中展开"抠像器"选项，然后单击"精炼抠像"选项的"边缘"选项，此时，"边缘"选项会自动点亮，如图6-12所示。

图6-12

将光标移至监视器窗口中，此时，光标会变成一个加号后面带一根斜条的状态，单击鼠标左键，如图6-13所示。

图6-13

或按住键盘功能辅助键【Command】，然后在画面边缘处单击鼠标左键。

STEP 08 此时，发现画面中多了一个两点中间加跟横杠的小图标，如图6-14所示。

图6-14

可以挪动其中的两个点以及蓝色小横杠，当第一个小蓝点距离主人公边缘太近时，画面中有些位置会有缺失，那说明擦除的范围过大，如图6-15所示。

图6-15

STEP 09 调整监视器中边缘的位置，与此同时要注意不断放大或缩小监视器中画面的显示范围，避免像下图所示，出现画面其他地方有缺损的状态，如图6-16所示。

图6-16

STEP 10 调节"抠像器"效果中的"强度"选项，如图6-17所示。

图6-17

可以很清晰地看到加强"强度"后，画面的边缘更加得细致，如图6-18所示。

STEP 11 为了追求抠图的准确性，可以在片段的不同位置追加"精炼抠像"的"边缘"调整。在调整完片段"边缘"后，可以通过"抠像器"中的"跳到样本"处的左右箭头切换之前所设置的样本处，进行二次调整，如图6-19所示。

图6-18

图6-19

STEP 12 单击检查器窗口中"显示"选项中间的"遮罩"选项，如图6-20所示。

图6-20

此时，观察监视器中的画面。监视器中只有黑、白两种颜色，在这种状态下，白色区域显示为有画面，黑色区域为透明无画面区域，如图6-21所示。

图6-21

在遮罩显示下播放这一段视频画面，查看画面中有没有其他区域未抠除干净，如果有抠除不干净的地方就会一目了然。

STEP 13 勾选"抠像器"效果中的"反转"选项，保持"显示"选项继续停留到"遮罩"显示状态，如图6-22所示。

图6-22

此时，可以看到监视器中的画面，主人公画面变成黑色透明区域，其他地方变成了白色不透明区域，如图6-23所示。

图6-23

在很多影片中会看到，一个人物形状的区域不断在动，而区域显示的却是其他内容，这就是利用这种反转效果，将人物行动区域建立起一个透明的通道。

STEP 14 将"反转"选项勾选掉，将显示选项更换为"复合"状态，回归原来的抠像效果。

FCPX，带给抠像器还有更为强大的细节调整功能，可以将下面的参数展开，然后尝试不同的参数调整得到更好的效果，如图6-24所示。

图6-24

▶ 实例——添加遮罩

在很多时候，绿屏拍摄为了使灯光打匀，在画面中可能有灯管在画布的边缘处，这种情况可以通过遮罩直接将其删除，那下面就为大家讲解一下这种情况的处理。

① 首先，人为地为画面制造一个穿帮。

单击效果窗口中的"发生器"→"质感"→"次品"，选择一个与时间线上的片段"抠图"同样长度的片段放在上层，再利用之前介绍的画面"变换"功能，将次品片段放置到画布的左上方，如图6-25所示。

图6-25

然后，按住鼠标左键框选时间线中的"次品"和"抠图"两个片段，按快捷键【Option+G】，此时在时间线中新建了一个复合片段，如图6-26所示。

图6-26

② 在效果窗口中，选择"抠像"栏里的"遮罩"效果，然后双击或拖曳到时间线中的新建复合片段，如图6-27所示。

图6-27

③ 此时，监视器中新增了4个点，如图6-28所示。

图6-28

按住鼠标左键，尽量将4个点向左上角的穿帮处靠近，此时，画面中的其他区域都会变成白色，如图6-29所示。

图6-29

④ 然后回到检查器中，在效果栏的遮罩选项中，将"Invert Mask"（反转遮罩）勾选中，如图6-30所示。

图6-30

这时监视器左上角的画面被遮盖了，如图6-31所示。

图6-31

6.1.2 亮度抠像

亮度抠像，就是将画面中相同亮度的区域擦除干净。

▶ **实例——亮度抠像练习**

STEP 01 在这里为大家准备了一段适用于亮度抠像的画面。将外部视频"红旗"，拖曳到事件浏览器中的资源库"第六章"的事件"6.1"中的精选词"抠图文件"里，然后放开鼠标左键，如图6-32所示。

图6-32

在事件中，多了一个名为红旗的片段。播放这段视频，视频中的内容为一面红旗在黑色背景里摇动，这里需要将黑色背景抠除掉，如图6-33所示。

图6-33

与此同时，红旗上也有许多黑色阴影区，这是抠取红旗时遇到的难点，现在一起来解决这些问题。

STEP 02 选中事件浏览器中的"红旗"片段，将时间线中的时间检索线移至片段"抠图"的结束点，按连接编辑快捷键【Q】。片段"红旗"被连接到片段"抠图"后，选中下方白色片段的结束点，按住鼠标左键向右拖曳，将其结束点与片段"红旗"的结束点对齐，如图6-34所示。

图6-34

STEP 03 保持时间线中的"红旗"片段处于选中状态，在效果窗口中，双击"抠像"栏中的"亮度抠像器"；或直接按住鼠标左键将该效果拖曳到片段"红旗"上，如图6-35所示。

图6-35

STEP 04 在时间线中选中片段"红旗"，按快捷键【、】，反复播放这个片段。在监视器中，可以看到红旗中有很多地方也被侵蚀掉了，这显然不是想要得到的效果，如图6-36所示。

图6-36

STEP 05 在检查器中将"显示"选项选择到"遮罩"状态，如图6-37所示。

图6-37

可以看到监视器中的红旗，不像抠除人物时有一个纯白的轮廓，如图6-38所示。

图6-38

STEP 06 在检查器中条件"亮度"选项中，按住鼠标左键将过渡条上方的倒三角符号向左移动，增加一部分黑色区域的取值范围，如图6-39所示。

图6-39

注意观察监视器中的画面，直至整面红旗变成全白，如图6-40所示。

图6-40

STEP 07 将检查器中的效果"亮度抠像器"的"显示"选项更换为"复合"状态,如图6-41所示。

图6-41

选中时间线中的片段"红旗",然后按快捷键【、】,反复播放这个片段,发现片段的后半部分,监视器中右下角的部分红旗还有一点被侵蚀的瑕疵,如图6-42所示。

图6-42

STEP 08 在软件检查器中,按住鼠标左键向右拖动"亮度滚降"选项中的按钮,如图6-43所示。

直至画面中,红色被侵蚀的部位全部填满,如图6-44所示。

图6-43

图6-44

STEP 09 再次播放这个片段,感觉到红旗的边缘处理的还是不够完美,再次回到软件的检查器中,展开"遮罩工具"选项,然后调整"柔化""侵蚀"两个选项,这样可以得到一个更加完整的红旗抠像,如图6-45所示。

图6-45

6.2 合成

首先,在"第六章"的资源库里新建事件"6.2",快捷键为【Option+N】,全选事件"6.1"中的视频片段,按住【Option】键将事件"6.1"中的片段拖到新建事件"6.2"中,此时,事件"6.1"中的片段就被复制到事件"6.2"中去了。用同样的方法将事件"6.1"中的工程文件"6.1"复制到事件"6.2",并将事件"6.2"中的工程文件重命名为"6.2"。

6.2.1 简单合成

合成的方式有很多,万变不离其宗,归根结底合成就是几种画面或元素的有序结合。接下来就利用上个章节所得到的两个抠像素材,来进行简单的合成演示。

▶ **实例——合成演示**

STEP 01 为了减少软件运算资源,同时温习之前所学知识,先单击选中时间线中的复合片段"6.1",如图6-46所示。

图6-46

单击软件任务栏,选择"片段"→"将片段项分开";或按快捷键【Shift+Command+G】,如图

6-47所示。

图6-47

　　此时，原来的复合片段就会被分解开，删除上层"次品"片段。如果继续选中"抠图"片段，按快捷键【Shift+Command+G】，该片段的视频与音频也将被分开，如图6-48所示。

图6-48

面，画面会沿着拖曳的边改变画面的宽高比。

STEP 03 在时间线中将红旗画面放置到女主持人画面的下方，如图6-52所示。

图6-52

　　单击选中片段"红旗"，按快捷键【、】播放这个片段。此时，片段"抠图"的背景变成了飘扬的红旗。

　　这才是合成的第一步，接下来继续完善它。当红旗从右向左进入画面时，红旗处在女主人公的身后，当红旗从左向右出画面时，红旗处在女主人公身前。

STEP 04 要完成上面的设想，首先要调整"红旗"片段的速度。

　　单击选中片段"红旗"，然后按快捷键【Command+R】，在弹出的片段速度条的最右端，按住鼠标左键向左拖动，如图6-53所示。

STEP 02 单击选中"红旗"片段，按快捷键【、】播放这个片段，发现监视器中红旗的画面没有被完全充满屏幕。选择图6-49所示的"变换"选项。

　　此时，画布的四周会出现一个8点选框，如图6-50所示。

图6-53

　　将时间线中的时间检索线移动至片段"抠图"的末帧，调整"红旗"片段的速度，保证"抠图"片段结束时，红旗能够盖住女主持人，如图6-54所示。

图6-49　　　　图6-50

　　单击4个拐角处，按住鼠标左键拖动其中任意一角，直至画面充满屏幕，然后单击监视器右上角的"完成"按钮，此时，8点画框就会消失，如图6-51所示。

图6-51

图6-54

提示：在变换画框中，按住4个拐角点拖曳画面，画面的宽高比不会发生变化；如果按住4个边框上点拖曳画

STEP 05 接下来需要找一个剪切点，这个剪切点的目标是红旗从左往右彻底经过女主持人身后。

挪动时间检索线，直至红旗彻底经过女主持人身后，如图6-55所示。

图6-55

STEP 06 保持时间检索线位置不变，然后选中片段"红旗"，按快捷键【Command+B】，如图6-56所示。

图6-56

此时，片段"红旗"就被剪切成两个片段，选中被切割的后半部分片段，按住功能辅助键【Shift】，按住鼠标左键将后半部分片段向上提。此时，软件会自动对齐两个"红旗"片段的结束点与开始点，如图6-57所示。

图6-57

STEP 07 将时间检索线挪至小组片段的开头位置，按键盘空格键播放这个小片段，发现经过这样的调整，红旗就好似围绕着女主持人转了一圈，这就是合成片段的魅力，如图6-58所示。

图6-58

6.2.2 关键帧动画的合成

在上一个小节中，简单地将两个片段组合调整，就得到了全新的视觉效果，真正做到了一加一大于二。

在本节中，将继续进行对这个片段的修饰工作。引入一个小小的关键帧动画，让画面焕然一新。

▶ 实例——关键帧动画的合成

STEP 01 播放现有的这个小合成片段，注意观察主持人的动作。

女主持人有一个手滑动的动作，然后又摊开手在展示说明什么内容。首先利用关键帧，让女主人公手里指着相应的动画元素，如图6-59所示。

图6-59

STEP 02 在时间线窗口左边的特效窗口中（按快捷键【Command+5】展开特效窗口），单击上方"发生器"按钮。

在"发生器"中，单击选中"背景"栏中的"新星"片段，将其拖曳到时间线上；或使用连接编辑快捷键【Q】，将片段连接到时间线上，如图6-60所示。

图6-60

提示：效果窗口并不是所有的选项都可以使用连接编辑快捷键【Q】。当前选中的片段之所以可以使用编辑快捷键，是因为它本身就是段视频，只不过这段视频可以做相关参数的调整。

STEP 03 将"新星"片段放置到"抠图"片段上层。观察监视器中的画面，将时间检索线放置到女主持人手指点的那个瞬间，如图6-61所示。

图6-61

STEP 04 在监视器中，可以看到光点过大而且位置不合适，如图6-62所示。

图6-62

在监视器左下角单击"变换"按钮，然后通过调整"变换"窗口的8个点，将"新星"图层放置到女主持人指端，如图6-63所示。

图6-63

STEP 05 调整好片段"新星"的位置，然后单击监视器左上角的添加关键帧按钮，如图6-64所示。

图6-64

此时，观察监视器窗口中的"变换"栏，其中"位置""旋转""缩放""锚点"4个选项后的关键帧全部亮起，如图6-65所示。

图6-65

STEP 06 保持"新星"片段处在"变换"状态不变，使用键盘向右方向键，逐帧向右移动，然后在指尖离开"新星"片段后，在监视器窗口将"新星"片段移动到指尖位置，直到主人公在指尖动作做停留动作，如图6-66所示。

图6-66

在挪动"新星"片段的时候，发现软件会自动建立新的关于该片段位置信息的关键帧。这是因为该片段处在"变换"状态下，而且之前已经建立了第一个关键帧，这时片段"位置""旋转""缩放""锚点"任意一个参数在不同帧发生变化，软件都会在相关帧中重新建立关键帧。

播放现在所建立的关键帧画面，可以看到新星很好地与指尖保持一致的运动。

提示： ❶ 这种跟踪功能，在一些专业合成软件里，如：AE，会有专门的插件，对指尖进行追踪处理。其原理是一样的，就是对运动画面的轨迹进行关键帧标记。为了使软件的跟踪更加精确，运动区域要有一处相对独立的色彩，这就是为什么在前期拍摄中会经常看到，画面中的运动物体上会贴有蓝色或绿色的跟踪点。

❷ 当然谁也不能确保这种标记点的功能，能够一次完全没有错误的执行完成。如果在反复的播放中，发现有些关键帧的位置不够完美，可以将时间检索线放置到需要调整关键帧的位置进行调整，如图6-67所示。

图6-67

STEP 07 保持"新星"片段处在"变换"状态不变，继续向右移动时间检索线，发现片段中的主人公有一个张开手的动作。

从主持人准备开始张开双手时添加一个关键帧，在主持人手完全张开时再通过拉动"变换"框中的点，将"新星"的图形拉大，如图6-68所示。

图6-68

最后单击监视器右上角的"完成"按钮，此时，监视器中的关键帧点连线都会消失，如图6-69所示。

图6-69

STEP 08 单击选中时间线中的片段"新星"，按快捷键【Control+V】，展开该片段的视频动画编辑器，如图6-70所示。

图6-70

可以看到，在该片段中已经建立了很多关键帧，而且这种建立关键帧的办法非常之高效。

6.2.3 混合模式及发生器的使用

在上个章节中，我们通过关键帧动画为主人公的动作增加了一个动感的元素，为这个片段增添了不少制作感。那么在接下来的这个小节中，将学习利用混合模式，为片段打造一个新的动感背景。

混合模式是图像处理技术中的一个技术名词，广泛使用在Photoshop、AE、Dreamweaver、Fireworks等相关的图形合成及周边软件中。

主要功能是可以用不同的方法，将对象图层与底层图层的颜色混合。当把一种混合模式应用于某一对象时，在此对象的图层或组下方的任何对象上都可看到混合模式的效果。

► 实例——混合模式的应用

STEP 01 FCPX，提供了很多种混合模式。单击选中时间线中的任意片段，在软件的检查器窗口的"视频"栏，单击最下方"复合"中的"混合模式"选项，可以看到软件已经预置了很多混合模式。软件默认的混合模式为"正常"，如图6-71所示。

图6-71

STEP 02 简单地为大家介绍几种常用的混合模式。

【叠加】：在保留底色明暗变化的基础上，绘图的颜色被叠加到底色上，但保留底色的高光和阴影部分。底色的颜色没有被取代，而是和绘图色混合来体现原图的亮部和暗部。使用此模式可使底色的图像的饱和度及对比度得到相应的提高，使图像看起来更加鲜亮。

【差值】：查看每个通道中的颜色信息，比较底色和绘图色，用较亮的像素点的像素值减去较暗的像素点的像素值。与白色混合将使底色反相；与黑色混合则不产生变化。

【排除】：可生成和差值模式相似的效果，但比差值模式生成的颜色对比度较小，因而颜色较柔和。与白色混合将使底色反相；与黑色混合则不产生变化。

STEP 03 FCPX，除了提供多种混合模式，也预置了许多发生器项目。发生器项目可以理解为一段段可调整的动态素材。

在软件的效果窗口中，单击"发生器"→"背景"→"组成"选项，如图6-72所示。

图6-72

选中"组成"选项，按住鼠标左键将其拖曳到时间线中的"白色"片段上，此时，光标会出现一个绿色加号，如图6-73所示。

图6-73

放开鼠标左键，在弹出的下拉菜单中单击"替换"选项，如图6-74所示。

图6-74

STEP 04 此时，监视器中的画面背景就会变成发生器中的"组成"片段，如图6-75所示。

图6-75

STEP 05 再次从效果窗口选中"发生器"→"背景"→"流动"选项，按住鼠标左键向时间线上拖动该选项，如图6-76所示。

图6-76

将"流动"片段与"组成"的开始点对齐，然后松开鼠标左键，如图6-77所示。

图6-77

STEP 06 保持时间线中的"流动"片段处在选中状态，在"复合"栏中选择"线性加深"的混合模式，如图6-78所示。

图6-78

在监视器中，发现背景变成了"流动"与"组成"的两个片段融合后的效果，背景中的元素更加丰富了，如图6-79所示。

图6-79

STEP 07 为了进一步增加合成片段的空间感，再为画面增加一个发生器片段。再次从效果窗口，选中"发生器"→"背景"→"漂移"选项，按住鼠标左键向时间线上拖动该选项，如图6-80所示。

图6-80

将"漂移"片段与"组成"的开始点对齐，然后松开鼠标左键，如图6-81所示。

图6-81

STEP 08 如果觉得漂移中的小球过多，可以进一步调整这些小球的数量。保持时间线中的片段"漂移"处在选中状态，在检查器窗口的发生器栏中，可以调整"数量""速度""大小"等参数，如图6-82所示。

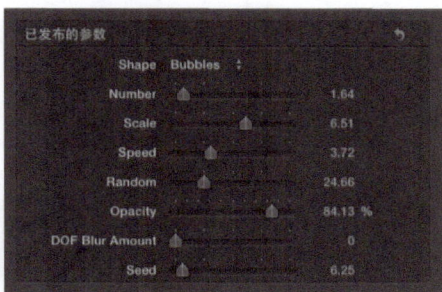

图6-82

STEP 09 将调整好参数的"漂移"片段选中，然后按住功能辅助键【Option】，再按住鼠标左键将"漂移"片段向上提到最上层。

此时，"漂移"片段会被自动复制一层，放置到最上层，如图6-83所示。

图6-83

这样在几个层面都会有漂移的小球出现，当某些元素运动时，由于图层的关系画面会产生一些空间感，如图6-84所示。

图6-84

6.2.4 多层图形文件的使用

FCPX提供了一个强大的效果库，丰富了我们的效果素材，而另一个功能的添加极大地方便了在合成中的操作。

FCPX允许psd文件的导入与使用，而且支持psd文件层在时间线中的应用，这是一个极大的推动，允许多种软件在FCPX这个平台上工作。

▶ 实例——多层图形文件的应用

STEP 01 在素材中已经做好了一个名为"多图层文件"的psd文件。在事件浏览器中，展开事件"6.2"的精选词。

将外部"多图层文件"文件拖曳到"PSD文件"精选词上，待该精选词显示高亮选中时，松开鼠标左键，如图6-85所示。

此时，事件"6.2"的"PSD文件"精选词中多了一个"多图层文件"的片段，如图6-86所示。

STEP 02 可以看到这个多层文件为一个字幕片段，现在将其应用到合成片段中去。当主持人张开双手时，光球变大字幕同时由小变大，红旗飘过主持人和光球都消失，屏幕上只留下字幕与背景。

图6-85

图6-86

单击选中时间线中的片段"新星"，然后按快捷键【Control+V】，展开片段"新星"的视频动画，然后将时间检索线移至光球放大的开始关键帧处，如图6-87所示。

图6-87

STEP 03 选中事件"6.2"中的片段"多图层文件"，然后按住鼠标左键向时间线中拖动此片段，如图6-88所示。

图6-88

将此片段放置到"红旗"片段上层，与此同时，该片段的开始点与"新星"放大的开始关键帧点对齐，如图6-89所示。

图6-89

STEP 04 此时，监视器中显示为一个白底加文字，以及最上层的"漂移"片段内容，如图6-90所示。

Final Cut Pro X

影视剪辑轻松自学教程

图6-90

如果不是psd文件，要实现白色区域的透明效果，首先想到的一点就是要抠图，在psd文件下问题就没有那么复杂了。

双击时间线中的psd文件，时间线窗口中会打开一个全新的时间线项目，观察时间线窗口的左上角处，可以看到当前项目打开的是psd文件图层，如图6-91所示。

图6-91

可以看到，该psd文件包括3个图层，分别为两个文字图层与一个背景图层。单击选中最下方的背景图层，按快捷键【V】快速隐藏背景图层，如图6-92所示。

图6-92

STEP 05 此时，单击时间线左上角的"在时间线历史记录中返回"的向左箭头，如图6-93所示。

图6-93

观察监视器中的画面，此时psd文件的背景层被轻而易举地清除干净了，如图6-94所示。

Final Cut Pro X

影视剪辑轻松自学教程

图6-94

STEP 06 将时间检索线向后移动到光球彻底变大的区域，然后选中时间线中的psd文件，在监视器窗口的左下角开启片段"变换"模式，将文字移动到光点的中心区域，如图6-95所示。

Final Cut Pro X

影视剪辑轻松自学教程

图6-95

STEP 07 将时间线中的时间检索线移动到光点最终放大的关键帧位置，然后选中时间线中的psd文件，如图6-96所示。

图6-96

此时单击监视器窗口左上角的关键帧按钮 ，为psd文件添加关键帧。

STEP 08 再将时间线中的时间检索线移动至psd文件的开头位置，也就是光球开始放大的关键帧位置。保持时间线中的psd文件处在选中的状态，按住psd文件的"变换"边框将其缩小至光球大小，如图6-97所示。

图6-97

此时，psd文件的开头处会自动建立关键帧，如图6-98所示。

图6-98

STEP 09 播放这个片段，效果还不错，但是此时的时间线基本上不堪入目，接下来开始进行简单的时间线规整。

▶ **实例——时间线整理**

首先，单击时间线右下方的"片段外观"按钮，将片段高度缩小到最小状态，如图6-99所示。

图6-99

关闭所有片段的视频动画编辑。可以看到时间线的现状还是过于复杂，如图6-100所示。

图6-100

所有片段以最顶层"组成"片段的结束点为结束点将其收回，如图6-101所示。

图6-101

选中最下面3层背景图层，如图6-102所示。

图6-102

按快捷键【Option+G】，软件会自动弹出建立复合片段窗口，在复合片段名称处键入"背景"，然后单击对话框右下角的"好"按钮，完成新复合片段的建立，如图6-103所示。

图6-103

与此相同，按住鼠标左键框选除最上层"漂移"片段外的图层，然后再次按快捷键【Option+G】，建立名为"动画"的复合片段，如图6-104所示。

图6-104

图6-105

此时，时间线中的片段就清爽了很多，如图6-105
所示。

STEP 10 再次播放这个片段，将会得到图6-106所示的一个合成片段。

图6-106

第**7**章 锦上添花——色彩

　　一个画面的品质，主要取决于3个方面：构图、光影、色彩。而在这章里，将要介绍如何利用软件去调整修饰画面的光影与色彩。

　　在上面的章节中，已经完成对画面的粗剪、精剪、滤镜添加与画面合成。在影视工业中，一个影片画面的最后一步处理是调色。

　　调色，也有一个别名为数字配光。这种对画面的色彩光影的调整最早出现在胶片时代，在传统化学洗印中，有一种特殊工艺称为留银工艺。通过这种工艺，可以直接干预最终成像的色彩饱和度、反差、颗粒度以及高光与阴影部分的密度，从而直接影响最终的出片效果。

　　随着数字技术逐渐对电影产业、电视产业的高度渗透，以及日渐成熟的数字调色软件，色彩校正已经成为影视制作中不可缺少的一环。

　　与此同时，FCPX作为一个专业剪辑软件并没有忽视调色模块，而且在之前版本的基础上做出了巨大革新。

　　在这章中，将会介绍调色的基础，以及FCPX提供的便捷高效的调色方式。

　　首先，建立一个名为"第七章"的资源库，将资源库"第六章"中的事件"6.2"复制到资源库"第七章"中，然后将复制过来的事件重命名为"7.1"，并将事件"7.1"中的工程文件也重命名为"7.1"。删除新建资源库中默认建立的其他事件（每个资源库中至少需要一个事件）。

7.1　调色的基础知识

　　知己知彼，百战不殆。这章的学习不同于之前的章节，之前的章节可以直接进入如何应用、如何操作的讲解中去，而在这章里首先需要了解一些调色的基础知识。

　　虽然说对色彩的感知力与判断力更多的是个人审美的体现，但在色彩校正中却是由很多标准，以及基础知识来支撑调色规则。

7.1.1　什么是色彩校正

　　曾几何时，调色是一个只有高投入的电影行业才能够触及的高端领域。但伴随着数字时代到来，大量高清、超清摄像设备以及强大后期数字工作站的普及，调色逐渐成为普通影视工作流程中不可缺少的一环。

　　先来明确一下色彩校正的主要目的。

　　（1）修复由于前期拍摄不完善而导致的画面问题

　　前期拍摄总是会有失误的时候，常常会出现画面曝光不足、黑白平衡设置有误等问题，修复画面则是色彩校正的一大任务，如图7-1所示。

图7-1 （曝光不足的前后调整）

（2）保持画面风格统一

在同一场景的一组镜头中，有可能因为角度与背景的不同，会导致画面风格、色调、曝光不够统一，统一画面风格也是色彩校正的一大任务，如图7-2所示。

图7-2 （色调风格的统一调整）

（3）创建艺术效果

由于镜头的情绪由很多因素构成，其中包括故事情节、背景音乐、拍摄内容等。但是在很多时候特殊的镜头色调，也会影响画面的情绪，所以创建艺术效果也是色彩校正的一大任务，如图7-3所示。

图7-3 （冷暖色调的不同）

7.1.2　硬件的选择

调色工作对于硬件的要求主要包括两个方面：快速、准确。

快速：如果事先进行多层光影处理以及滤镜特效，那么就需要一个强大的实时处理图像的GPU（图形处理器）。

FCPX是一款64位架构的软件，与之前的32位架构的FCP7相比能够调用更多的资源。与此同时，最新款的Mac Pro拥有双显卡的硬件优势，如果需要处理的是4K视频，那么有必要提升硬件配置。

准确：如果制作的影片需要在电视台播出，那么必须拥有一台符合行业标准的广播级监视器，这样可以直观地感受画面抵达观众荧屏的效果。

现在的监视器种类选择很多，比如LCD、LED、OLED、投影仪等。一个好的监视器应该具备这样一些指标。

① 兼容以下视频输出端口：Y'PBPR、HDMI、HD-SDI.

② 拥有足够的黑电平与白电平，以及足够的色彩宽容度，换而言之就是能够显示足够多的颜色，以及足够的黑与亮。

③ 符合Rec.601（SD）与709（HD）色彩空间标准。

④ 因为监视器的使用地点的环境光与使用年限不可避免的色偏，所以一台专业级的监视器也能够完成亮度与色彩的校正与控制。

提示： Final Cut Pro X兼容多种主流品牌的监视器，有些需要另外加装视频卡，有些则可以直接通过HDMI或雷电接口进行视频传输。无论是用哪种专业的视频输出设备，请先确认在计算机上是否正常的连接上了，这样才能通过预设或者菜单来控制视频输出到监视器上。

STEP 01 单击软件任务栏中的"Final Cut Pro"→"偏好设置"；或按快捷键【Command+,】，打开软件偏好设置，如图7-4所示。

图7-4

STEP 02 在打开的对话框中，选择"回放"栏。可以在对话框的最下方"音频/视频输出"中选择要启用的硬件设备，然后单击对话框左上角的关闭按钮，就可以启用你想使用的硬件设备，如图7-5所示。

图7-5

7.1.3 切换高品质画面

为了提高剪辑效率，减少电脑运算的数据量，很多剪辑会用代理文件或优化文件。但在进行调色时需要把画面调整成最高质量的画质。

▶ **实例——设置最高质量的画质**

STEP 01 单击软件监视器窗口右上角的"选取监视器显示选项"按钮，如图7-6所示。

图7-6

STEP 02 在下拉菜单"质量"栏中选择"较好质量"选项；在"媒体"栏中选择"优化大小/原始状态"选项，如图7-7所示。

图7-7

此时，软件的显示效果为媒体最佳质量的显示效果。

STEP 03 当代理文件切换时，有可能因为代理文件所存放的位置与原始素材存放的位置有区别，从而造成部分文件出现离线。

STEP 04 单击选中离线片段，然后在软件任务栏中选择"文件"→"重新连接文件"命令，如图7-8所示。

图7-8

STEP 05 在弹出的"重新连接文件"的对话框中，单击"查找全部"按钮，如图7-9所示。

图7-9

STEP 06 可以在新弹出的页面中选择确定素材的路径，进行指定的素材连接，或者软件会自动检索相关文件自动给出匹配文件。然后单击"选区"按钮，回归上一层页面，再单击"重新链接文件"将离线文件重新找回，如图7-10所示。

图7-10

7.1.4　分别率与码流

分辨率，指的是视频画面横向与纵向的像素点数量。

现在经常接触的分辨率类型有以下几种。

标清：720×576（4:3）。

高清：1280×720（16:9）。

全高清：1920×1080（16:9）。

2K：2560×1440；影院2K是指2048×1152；2048×1536（QXGA）；2560×1600（WQXGA），2560×1440（Quad HD）。

4K：Full Aperture 4K（4096 x 3112）；Academy 4K（3656×2664）。

提示： 可以通过项目设置看到，FCPX支持从标清到高清，直至4K或更高分辨率的多种尺寸的视频项目，如图7-11所示。

图7-11

码流，是指视频文件在单位时间内使用的数据流量，也叫码率，是视频编码中画面质量控制中最重要的部分。相同分辨率、相同格式、相同编码下，视频文件的码流越大，压缩比就越小，画面质量就越好。

视频比特率与码流，只是同一个问题两种叫法，比如一个MPEG2视频文件，一般不但包含视频信息还有音频信息，音频也有自己的比特率，这是音视频信息复合在一起的文件，这个文件的码流是其音视频码流的总和。

7.2　示波器

亮度与色彩，如同声音一样，对它们的感知更多时候是个人主观的感受。为了更加直观的评价它们的参数，声音有其波形图，在波形中能够看到声音的音高与音量；视频也有其示波器，能够更加直观的评定其相关数值。

那么接下来认识一下视频的多种示波器，看它们是如何显示视频的相关参数的。

STEP 01 单击软件任务栏中的"窗口"→"检视器显示"→"显示视频观测仪";或按快捷键【Command+7】,展开软件视频观测仪窗口,如图7-12所示。

图7-12

STEP 02 此时,会发现软件的监视器窗口中,打开了一个示波器显示区域。如果只有一个屏幕时,可以调整窗口布局,以方便调色工作,如图7-13所示

图7-13

STEP 03 单击示波器窗口中右上角处的"设置"按钮,会看到下拉菜单,如图7-14所示。

图7-14

STEP 04 在示波器窗口的"设置"弹出菜单中看到,软件提供了3种显示波形图:直方图、矢量显示器、波形,然后通过不同通道分别查看片段的不同项。

下面先来认识一下直方图,如图7-15所示。

图7-15

当前状态:示波器窗口,选择了"直方图"RGB叠层显示。

横轴有一个数字从"-25~125"的显示范围,从左到右代表了画面从最黑到最亮。

画面中共由4组波形组成,它们分别代表RGB三色在不同亮度区域所占比例的多少;还有一个波形是亮度波形,它可以显示画面中明暗度所占的比例。

可以在示波器窗口中,单击"设置"按钮,在"通道"里选择其他选项进行单独查看,如图7-16所示。

图7-16

上图为该波形的所显示的图片。

可以发现女主人公穿着的红色衣服处在暗区,画面中的绿草背景处在中间区,最靠前的蓝色窗户处在亮区。

该画面从亮度上来看,没有明显的完全暗区,也没有曝光过度的亮区。

STEP 05 保持时间线中的时间检索线位置不变,切换一下其他示波器显示。

接下来介绍一下矢量显示器。

矢量显示器中,可以看到是一个色轮的显示,它会展示画面中有哪些颜色,以及颜色占数量的情况,如图7-17所示。

图7-17

图7-18

STEP 06 保持时间线中的时间检索线位置不变，切换一下其他示波器显示。

最后介绍一下波形RGB排列图，如图7-18所示。

视图中的纵轴显示为"-20~120"的数值，这个数值的单位是IRE。

它是一个用于测量模拟复合信号强度（亮度）的单位。0IRE为黑电平，100IRE为白电平。IRE其实是Institure of Radio Engineers（无线电工程协会）首字母的缩写，IRE就是由该协会所指定的单位。

视图共分3栏，它们分别代表红、绿、蓝（RGB）三原色。

视图中的横轴显示为画面从左至右的竖排的像素的IRE。

7.3 自动平衡颜色与自动匹配颜色

FCPX提供了软件自动的平衡色彩功能，这个功能会将画面的参数控制在一个较为合理的状态，可以通过这个功能快速获得调色画面，或是在这个基础上做进一步的色彩调整；软件还提供了自动匹配颜色的功能，这个功能能够快速将两个画面的色调匹配起来，让两个画面的色调靠近。

STEP 01 越来越多的摄像机在前期拍摄增加LOG模式，为了使后期的调色空间更大，LOG模式可以记录下更多的亮部与暗部细节。可以选中LOG模式拍摄的视频片段，无论这个片段在事件浏览器中，或是在时间线中。然后，单击检查器窗口的"信息"分栏，在"设置"元数据视图中，单击展开"日志处理"菜单。会发现软件默认安装了多种机型的色彩预置，可以快速为这些"灰色片段"带来基本的调色，然后再对其进行细部微调，如图7-19所示。

STEP 02 无论这个片段在事件浏览器中，或是在时间线中，选中想要自动平衡颜色的片段，然后单击时间线右上角的"增强"按钮，在下拉菜单中选择"平衡色彩"；或按快捷键【Option+Command+B】；如图7-20所示。

图7-20

或是在检查器窗口的"视频"分栏中，点亮"颜色"项目中"平衡"分项前的蓝色小方框，如图7-21所示。

图7-19

图7-21

此时，软件会经过分析为选中片段提供一个基本的配色方案。

STEP 03 在时间线中选中先要匹配色彩中的一个片段，然后单击时间线右上角的"增强"按钮，在下拉菜单中选择"匹配颜色"；或按快捷键【Option+Command+M】；如图7-22所示。

图7-22

或是在检查器窗口的"视频"分栏中，点亮"颜色"项目中"匹配颜色"分项前的蓝色小方框，如图7-23所示。

图7-23

STEP 04 此时，软件的监视器中会出现两个视频分区，被选中待匹配片段在右侧，如图7-24所示。

图7-24

此时，时间线中的光标旁边增加了一个小相机状的图案，使用光标在时间线中滑动到想要匹配的片段，然后单击鼠标左键，如图7-25所示。

图7-25

STEP 05 监视器中左侧的黑场画面被选中的画面填补上来，单击监视器右下方的"应用匹配项"按钮，就将屏幕左侧的视频色调匹配给右侧视频，如图7-26所示。

图7-26

7.4 一级调色

提示：一般的调色流程分为一级调色与二级调色，也可以认为是：全域调色与局部调色。一级调色中，需要解决画面整体的曝光、对比度、饱和度。

▶ 实例——一级调色练习

STEP 01 单击选中时间线中的片段"PA0A1049"，现在对该片段进行一级调色设置，如图7-27所示。

图7-27

STEP 02 单击软件检查器窗口中"色彩"选项，"修正1"后的显示修正按钮；或按快捷键【Command+6】，如图7-28所示。

图7-28

此时，软件监视器窗口会自动切换到"色彩调整"

窗口，可以看到在这个窗口共由3大栏组成：颜色、饱和度、曝光。

可以分别单击观察3栏的布局，3栏中都包括"全局""阴影""中间调""高光"4个可调参数，如图7-29所示。

图7-29

STEP 03 保持时间线中的片段"PA0A1049"处在被选中的状态，按快捷键【Command+7】打开监视器中的示波器，然后选择示波器中的设置项"波形"→"RGB列示图"，如图7-30所示。

图7-30

对示波器的参数进行分析，可以看到这个画面的曝光是比较正常的，暗部与亮部都没有超过"0~100"IRE，但画面整体偏暗。

STEP 04 首先来调整画面的曝光。按快捷键【Command+6】打开"色彩调整"面板，然后再单击面板最上方的"曝光"选项。

可以直接上下拖动4个光球，来改变4个区域的明暗；也可以逐一选中下方数字处，双击数字键入信息；还可以在选中下方数字时，使用键盘方向的上下键进行数字的微调。最后为该片段进行了4组数字的调整，重点调亮画面的高光部分，如图7-31所示。

图7-31

提示： 可以通过开关监视器中，色彩项中的"修正1"按钮，对比前后更改的效果，发现画面的整体亮度有了提高，画面的对比度也有所提高，如图7-32所示。

（前）

（后）

图7-32

再观察示波器中的参数，画面的绝大部分都处在"0~100"IRE，如图7-33所示。

图7-33

STEP 05 保持时间线中的片段"PA0A1049"处在被选中的状态，按快捷键【Command+7】打开监视器中的示波器，然后选择示波器中的设置项"矢量显示器"→"133%"缩放，如图7-34所示。

图7-34

对示波器的参数进行分析，可以看到这个画面中，色彩最主要的两个大方向为红黄与青色。

因为这里目标是将画面往冷色调里偏一些，所以在这里只介绍"颜色"项的调整。

STEP 06 按快捷键【Command+6】，打开"色彩调整"面板，再单击面板最上方的"色彩"选项，如图7-35所示。

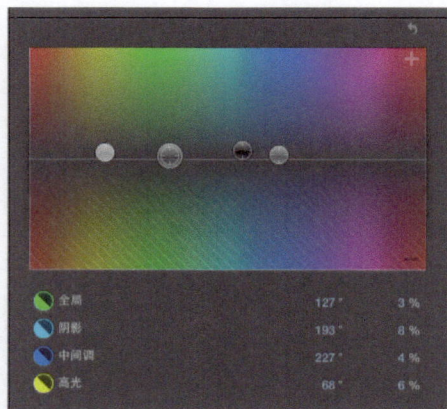

图7-35

提示： 在色彩选项中，4个点的位置可以上下左右移动，它们可以选择任何颜色以及颜色的强度。

STEP 07 通过关闭开启片段"PA0A1049"在检查器窗口中的"修正1"前端的蓝色开关，调整前后的画面，如图7-36所示。

图7-36

可以看到调整后的画面不但整体亮度增加，而且整体画面的色调向冷色系偏，如图7-37所示。

图7-37

观察矢量示波器中的显示，可以看到整个画面的主要色调偏向了蓝绿色。

STEP 08 保持时间线中的片段"PA0A1049"处在被选中的状态，按快捷键【Command+7】打开监视器中的示波器，然后选择示波器中的设置项"波形"→"RGB列示图"，如图7-38所示。

图7-38

提示： 可以在示波器中看到，红色栏中的底部已经溢出 0IRE的数值，这说明画面中的暗部主要由绿蓝色构成。

STEP 09 按快捷键【Command+6】打开"色彩调整"面板，再单击面板最上方的"饱和度"选项，如图7-39所示。

提示： 在饱和度的调整中，其余曝光选项的窗口布局与调整按钮是一样的。选择降低暗部饱和度，适当提升高光的饱和度。也可以通过单击"饱和度"栏中的还原按钮与快捷键【Command+Z】，来快速实现饱和度调整前后的对比。

　　经过上面的操作，已经完成了对片段"PA0A1049"的一级调色工作，并获得了画面的曝光调整与基本色调调整参数，增加了画面的对比度与饱和度，接下来进入二级调色工作，如图7-40所示。

图7-39

图7-40

7.5　二级调色

　　二级调色是一级调色的一种延续，简单的可以理解为：一级调色为调整整个画面的全部，二级调色就是选择某个区域进行不同于一级调色的微调。

▶ 实例——二级调色练习

STEP 01 看到了一级调色的最终结果，画面的曝光与色调已经没有问题，但是有些小问题需要更改。

　　在一级调色中，将画面的色调向冷色系做了调整，但是这严重地影响到了主人公皮肤颜色的表达。所以这里需要调整人物的皮肤色。

提示： 这种局部的调整，是一级调色无法完成的。

STEP 02 在保持一级调色不变的前提下，单独选中主人公肤色进行调整。

　　首先保持时间线中的片段"PA0A1049"处在选中状态，然后在监视器中的色彩效果中，将光标移至窗口中的"加号"处，单击鼠标左键，添加色彩修正，如图7-41所示。

图7-41

　　可以看到色彩效果中增添了一个"修正2"。

STEP 03 单击"修正2"的"颜色遮罩"按钮，发现当光标移至监视器中时，光标图案变成了吸管状，将光标移至女主人公的皮肤上，单击并按住鼠标左键向外拖动，可以控制鼠标来确定颜色遮罩的范围，如图7-42所示。

图7-42

STEP 04 单击颜色效果栏中的"修正2"后面向右箭头；或按快捷键【Command+6】打开"色彩调整"面板，再单击面板最上方的"曝光"选项，如图7-43所示。

图7-43

先将"曝光"选项中的"全局"按钮大幅下调，如图7-44所示。

图7-44

提示： 这样可以在监视器中，直观地看到颜色遮罩所选区域的范围。

不仅可以在监视器中，使用吸管工具重新建立颜色选区；或者按住功能辅助键【Option】减选遮罩区域；也可按住功能辅助键【Shift】加选遮罩区域，如图7-45所示。

图7-45

经过调整，发现颜色遮罩已经主要落到了主人公的皮肤区域中，此时，在"色彩调整"面板中，将"全域"曝光调回"0"。

STEP 05 单击颜色效果栏中的"修正2"后面向右箭头；或按快捷键【Command+6】，打开"色彩调整"面板，然后单击面板最上方的"颜色"选项，如图7-46所示。

图7-46

提示： 将色彩向红黄处偏移，观察监视器中肤色的变化，将肤色调回到正常色。

STEP 06 通过开关"修正2"前面的蓝色方框，对比二级调色的效果，如图7-47所示。

（前）

（后）

图7-47

提示： 通过二级调色，既保证了画面整体色调不变，与此同时，也保证了人物肤色的正常。

7.6 利用形状遮罩添加暗角

　　在很多影视作品中，会为画面的4个角做暗角处理。接下来使用FCPX为画面快速制作暗角。

▶ **实例——快速制作暗角效果**

STEP 01 单击鼠标左键选中时间线中的片段"PA0A1049"。在检查器窗口的色彩效果中单击"加号"，为该片段添加"修正3"，如图7-48所示。

图7-48

STEP 02 单击"修正3"中的"添加形状遮罩"，如图7-49所示。

图7-49

STEP 03 会发现监视器窗口中新添了一个遮罩，遮罩的内圈为遮罩的范围，遮罩的外圈为遮罩的羽化范围。

　　通过遮罩上的点，将遮罩形状调整到以下状态，如图7-50所示。

图7-50

STEP 04 单击颜色效果栏中的"修正2"后面向右箭头；或按快捷键【Command+6】，打开"色彩调整"面板，再单击面板最上方的"曝光"选项，如图7-51所示。

图7-51

　　单击"色彩调整"面板下方的区域选择，单击选中"外部"。

STEP 05 将外部的"曝光"降低下来，如图7-52所示。

　　会发现监视器中的画面四角暗了下来，使画面更具梦幻感，如图7-53所示。

图7-52

图7-53

STEP 06 在一个修正中被允许创建多个遮罩，以完成不同区域的调色需要，而一个片段也可以建立多个修正，以完成复杂的画面调整。

大家可以根据介绍的实例举一反三，为画面更多的细节做出调整，而创造更加细腻的画面。

第 **8** 章　入木三分——字幕

一部完整的影片，从一堆素材到作品完成，不单单只有剪辑的工作，这中间包括了在之前章节里已经介绍的合成包装、调色，还有本章要介绍的字幕。

随着影视类型的增多，字幕也开始有更为细致的分类，这里面包括唱词字幕、说明性字幕、提示性字幕、特效字幕、标题字幕等。

这其中需要重点认识的是特效字幕的发展，近几年娱乐类节目大幅奋进，其中以纪录片形式大举扩张的真人秀节目异军突起，这一切促生了既有信息量，又能提高节目品质与节奏的特效字幕的发展。

甚至在大型真人秀节目中，已经衍生出了专门制作特效字幕的"花字组"。

那么，在接下来这章中就来介绍字幕的相关使用方法。

首先，建立一个名为"第八章"的资源库，将资源库"第七章"中的事件"7.1"复制到资源库"第八章"中，然后将复制过来的事件重命名为"8.1"，并将事件"8.1"中的工程文件也重命名为"8.1"。删除新建资源库中默认建立的其他事件（每个资源库中至少需要一个事件）。

8.1　制作字幕

文字作为一种直接的信息表达，可以很准确地告知观众信息，而带有动画效果则更能够吸引观众的注意力，为影片增添新的元素。

下面从易到难分别介绍几种字幕形式的制作方法。

8.1.1　唱词字幕

唱词字幕，一种最简单的字幕种类，但是它的使用却几乎涵盖了所有的影片，下面就开始来介绍一下看似简单，实则不凡的唱词字幕。

▶ 实例——添加唱词字幕

STEP 01 很多第三方唱词软件，可以快速将文本转化为字幕片段，然后通过XML文件再交付给FCPX。在这节中就不涉及第三方软件的使用介绍了。

STEP 02 那么，就一起来开始学习在FCPX中如何手动添加唱词字幕。

按快捷键【Home】将时间线中的时间检索线移至时间线开头位置，单击软件任务栏中的"编

辑"→"连接字幕"→"基本字幕"命令；或按快捷键【Control+T】，如图8-1所示。

图8-1

STEP 03 可以看到时间线中多了一条"基本字幕"片段，软件自动默认片段长度为"10:01"。而此片段的长度为无限长，如图8-2所示。

图8-2

STEP 04 保持时间线中的"基本字幕"片段处于被选中的状态，将时间检索线移动至字幕片段上，以方便观察

字幕片段的内容。

将光标移动至监视器中的"Title"字幕处，按住鼠标左键可以随意拖动字幕的位置，如图8-3所示。

图8-3

STEP 05 现在将"Title"字幕移至画面的正中间，现在国内大多数高清影片的唱词字幕基本上都是左对齐，但是考虑到还有部分标清播出信号，所以会看到大多数唱词字幕还是居中对齐。

在移动字幕时发现，软件会自动出现居中对齐线，这也是FCPX设计中比较人性化的一面，如图8-4所示。

图8-4

STEP 06 已经将字幕位置做了调整，可还是会发现纯白色字幕，在很多因为白色过多的画面中显示得不太明显。

那么现在就来调整一下字幕的显示。保持时间线中的"基本字幕"片段处在被选中的状态，单击时间线窗口右上角处的检查器按钮；或按快捷键【Command+4】打开软件的检查器，如图8-5所示。

图8-5

在监视器中选择"文本"栏，可以看到需要改变的参数都在这里了，如图8-6所示。

图8-6

STEP 07 单击检查器中"文本"栏，单击鼠标左键点亮"外框"前的蓝色方框按钮。此时监视器中的字幕边框会变为红色边框，如图8-7所示。

图8-7

单击边框选项右侧上方的"显示"按钮，软件会自动将"外框"选项展开，然后双击颜色色块。软件会弹出颜色窗口，按住鼠标左键拉动窗口右侧的按钮，直至颜色变成黑色，如图8-8所示。

图8-8

STEP 08 此时，字幕边框已经变成了黑色，在监视器中发现边框的宽度似乎还是有点不够，如图8-9所示。

图8-9

使用鼠标左键单击"外框"栏中的"宽度"选项，选中其后面的数字，使用上下方向键可以改变其数字；或使用数字键盘键入数字"3"，然后按键盘上的【Return】键，如图8-10所示。

图8-10

可以看到监视器中的边框添加到了一个比较理想的状态，如图8-11所示。

图8-11

STEP 09 此时，我们已经调整好了唱词字母的样式，下面就可以通过这个样本开始进行手动建立唱词字幕。

提示： *规整唱词字幕。*

> *由于唱词字幕很多时候会密密麻麻的占领着时间线，当工作进入后期修改影片时，唱词字幕会成为一定的障碍，在此为大家介绍两种小办法来解决这个困扰，如图8-12所示。*

图8-12

▶ **实例——规整唱词字幕的方法一**

① 单击选中任意字幕片段，按住功能辅助键【Option】不放，按住鼠标左键将片段向上移动，发现片段会出现一个加号，此时，松开鼠标左键就已

经复制了一个字幕片段；或选中该片段，按快捷键【Command+C】，然后再按快捷键【Command+V】，此时，复制片段会以时间线中的时间检索线位置为开始点向后延长，如图8-13所示。

② 选中被复制好的上层片段，在监视器窗口的"文本"栏中，将"文本"选项中的文字删除。

此时，就会得到一个没有任何内容的全透明字幕片段，如图8-14所示。

图8-13

图8-14

③ 将空字幕片段的开始点与时间线开头位置对齐，结束点向后延续，再将空字幕片段提到整个时间线的最上层。

然后全选之前已经建立的唱词字幕，按住功能辅助键【Shift】，将唱词字幕整体向上移动。按住【Shift】键后移动片段，片段会与原位置的开始点、结束点自动对齐，不会使片段左右移动，如图8-15所示。

图8-15

在这种情况下，就可以更清晰地看到下层视频片段的状态，然后片段上的唱词还与相关视频处在连接状态，也可以方便的先后移动视频，而不用担心唱词字幕错位。

▶ **实例——规整唱词字幕的方法二**

①将时间线中的唱词恢复到开始状态，然后按住鼠标左键框选所有的唱词字幕，如图8-16所示。

图8-16

② 然后按快捷键【Command+G】，被框选的唱词字幕会组成一个次级故事情节，连接到主故事情节上，如图8-17所示。

图8-17

这样的好处是，次级故事情节只连接一个片段，类似于纪录片，这种解说词不挪动，只更改画面的影片，可以避免因为画面的改动，而频繁地调整唱词字幕。

STEP 01 单击选中时间线中任意一个已经调整好的片段，然后回到检查器窗口，单击"文本"栏中下方的字幕选项，在下拉菜单中单击"储存所有格式+样式属性"。

"格式属性"包括字体、字号、对齐方式等文本信息；"样式属性"包括表面、外框、光晕等样式信息，如图8-18所示。

图8-18

STEP 02 软件会自动弹出一个"将预置储存到资源库"对话框，在对话框的名称输入框中键入"软件学习"，然后单击"存储"按钮，如图8-19所示。

图8-19

STEP 03 再次回到监视器中的"文本"栏，单击下方的文本样式菜单，发现片段中增加了一个"软件学习"的选项。

此时，软件已经将字幕预设添加到了样式菜单中去了，在此电脑中的其他工程文件都可以使用这个预设。特别在多集剪辑时，这种效果预设极大地提高了工作效率，如图8-20所示。

图8-20

8.1.2 特效字幕

在很多综艺节目中看到大量的特效字幕，这些字幕会带给画面新的元素，与此同时，也会增加节奏感与信息量。但是这种特效字幕风格的选择却是尤为重要的，其文字动效应与画面能够在动势及风格上融合在一起。

那么，接下来就结合时间线上已有的片段，进行特效字幕的制作。

▶ 实例——特效字幕的应用

STEP 01 在"8.1"的时间线中，将时间检索线移至片段"MI1A8113"的开始点位置，然后播放这个小片段。

发现"MI1A8113"和"MI1A8119"都是在游乐场旋转木马这个场景中的两个镜头，而且两个镜头运动的方向都是相同的。现在尝试给这两个片段增加一个特效字幕，以增添这个小片段的信息量，如图8-21所示。

图8-21

STEP 02 在FCPX的字幕库中，有一百多种文字特效模板。这里已经为该片段选好了一种文字特效模板。

单击软件效果窗口中的"字幕"→"下三分之一"→"纪录片"→"左"，单击选中该特效，然后按住鼠标左键将其拖曳到时间线上，如图8-22所示。

图8-22

将该特效与"MI1A8113"的开头位置对齐，如图8-23所示。

图8-23

STEP 03 或将时间线中的时间检索线移动至片段"MI1A8113"的开始点，在效果窗口中选中特效"左"，然后使用编辑快捷键【Q】。将与第2步操作得到相同的结果。

STEP 04 播放这个效果，发现其长度以及字幕出现的地方不太合适，但是字幕出现的效果与画面运动的方向刚好吻合。

单击选中特效片段"左"的开始点与结束点，将其结束点与片段"MI1A8119"的结束点对齐，其开始点在片段"MI1A8119"的开始点稍微向前一点，如图8-24所示。

图8-24

STEP 05 播放这个片段，发现特效字幕出现的时间及运动长度都差不多了。现在保持该特效片段处在选中状态，在检查器窗口的"文本"栏的"文本"选项中键入文字"旋转木马"，如图8-25所示。

图8-25

STEP 06 在监视器中，可以按住鼠标左键改变其文字的位置。与此同时，可能会感觉到文字的样式仿佛与影片画面略有不搭，如图8-26所示。

图8-26

STEP 07 继续保持特效字幕片段处在被选中的状态，在检查器中，为片段选中"FANTASY"的预设字幕款式，如图8-27所示。

图8-27

在监视器中，可以看到文字的质感已经跟画面比较靠近了，但是文字的背景还需要继续调换，如图8-28所示。

图8-28

STEP 08 继续保持特效字幕片段处在被选中的状态，单击软件检查器，在"标题"栏中可以将背景做相关参数的选择，如图8-29所示。

图8-29

STEP 09 再次回到监视器中，此刻，还需缩小整个字幕，如图8-30所示。

图8-30

选中时间线上的字幕片段，然后单击监视器下方的"变换"按钮，如图8-31所示。

图8-31

问题来了，在变动特效字幕层的同时，监视器中的背景画面也随之而动了起来，如图8-32所示。

图8-32

STEP 10 按快捷键【Command+Z】，恢复软件的上一步操作。此时有两种办法可以解决，先利用之前所学习的建立复合片段的办法，将新的特效字幕装进一个复合片段后，再对其复合片段进行大小调整。

选中时间线中的特效字幕，然后单击鼠标右键，在弹出的菜单中选择"新建复合片段"；或按快捷键【Option+G】，快速创建复合片段，如图8-33所示。

图8-33

在复合片段名称中输入文字"特效字幕复合片段"，然后单击右下角的按钮"好"，如图8-34所示。

图8-34

STEP 11 在时间线中选中新建的复合片段，再次选择"变换"改变监视器中复合片段的特效字幕的大小，现在背景画面的大小没有跟随字幕的大小而发生改变了，如图8-35所示。

图8-35

8.1.3　FCPX与Motion的协同工作

在"8.1.2"节中改变特效字幕的部分，提到过有两种办法可改变特效字幕的大小，其中一种利用的是新建复合片段。在这节中，就来介绍改变字幕大小的另外一种办法，FCPX与Motion的协同工作。

▶ **实例——与Motion的协同处理字幕的大小**

STEP 01 Motion是苹果公司旗下的一款动态视频编辑工具，拥有多种粒子效果，能够轻松完成令人惊叹的3D效果。

Final Cut Pro X与Motion、Compressor联合使用可以轻松完成视频的剪辑、包装到输出转码的全过程，而且最新版的3款软件共享一个渲染引擎，可以在软件内部互相交付任务，这使我们的操作更加便捷。

STEP 02 单击选中效果窗口中的"字幕"→"三分之一"→"纪录片"→"左"，然后在此效果字幕上单击鼠标右键，此时会弹出"在Motion中打开副本"的选项，单击选中此效果，如图8-36所示。

提示： 电脑中需要安装Motion5及以上的版本，才能够启动FCPX中的效果。

图8-36

STEP 03 此时，软件会启动Motion，如图8-37所示。

在Motion的时间线中，可以看到很多层的工程文件，下面就根据调整这些视频片段来完成相关的调整，

如图8-38所示。

图8-37

图8-38

在这节的学习中，就不对Motion中的相关调整做更多介绍，如图8-39所示。

图8-39

STEP 04 对特效字幕调整完毕后，单击Motion任务栏中的"文件"→"存储为"命令；或按快捷键【Shift+Command+S】，如图8-40所示。

图8-40

软件会弹出另存为窗口，在这个窗口中可以选择特效字幕储存的"类别""主题"等。在模板名称处键入"FCPX练习"，然后单击"发布"按钮，关闭软件Motion，如图8-41所示。

图8-41

STEP 05 在FCPX的效果浏览器中，可以在"字幕"→"下三分之一"→"纪录片"→"FCPX练习"中看到刚刚在Motion中更改的特效模板，如图8-42所示。

图8-42

与此相同，可以将FCPX中任何一款模板发送到Motion中进行元素调整和替换。

STEP 06 在电脑中的"影片"→"Motion Templates"→"字幕"→"下三分之一"→"Documentary"中可以看到刚刚所建立的预置效果。如果不想效果窗口中充斥大量预置效果，可以直接将此文件夹删除，然后重启FCPX，效果窗口中的此预置效果会被自动删除，如图8-43所示。

图8-43

8.2　主题与发生器的使用

FCPX，提供了大量的动态素材及视频模板，在这节中将介绍几种常用的视频效果，它们会彻底改变你的工作方式。

首先，在"第八章"的资源库里新建事件"8.2"，快捷键为【Option+N】，全选事件"8.1"中的视频片段，按住【Option】键将事件"8.1"中的片段拖到新建事件"8.2"中，此时，事件"8.1"中的片段就被复制到事件"8.2"中去了。用同样的方法将事件"8.1"中的工程文件"8.1"复制到事件"8.2"，并将事件"8.2"中的工程文件重命名为"8.2"。

8.2.1　巧用占位符

剪辑工作往往在前期进行了一部分的时候便会进入，特别在故事片的剪辑上，时常会有一个组镜里有个别镜头还没有拍摄，或是拍摄不够完美需要补拍。

在FCPX中，可以先用一个占位符将空白处填补起来，以方便其他人观看粗剪影片。

▶ **实例——占位符的应用**

STEP 01 现在假设时间线的两处复合片段中间有两个缺失镜头，但是拍摄的镜头还没有回来，那么现在就可以使用占位符先将空白处填满，如图8-44所示。

图8-44

STEP 02 在软件的效果窗口中，单击"发生器"按钮，

单击选中"占位符"，将时间检索线移动至复合片段"5.2片段"的结束点，然后可以当成是浏览器窗口中的素材片段，进行连接、插入、追加、覆盖的编辑方式，快捷键为【Q】、【W】、【E】、【D】，如图8-45所示。

图8-45

或是单击软件任务栏中的"编辑"→"插入发生器"→"占位符"命令；或按快捷键【Option+Command + W】，如图8-46所示。

图8-46

STEP 03 使用连接的编辑方式，将两个占位符连接到主故事情节上，如图8-47所示。

图8-47

STEP 04 FCPX的占位符，不单单是在时间线上占个位置这么简单。单击选中其中一个占位符，按快捷键【Command+4】打开检查器，如图8-48所示。

图8-48

可以通过这些参数，给缺少片段添加主要信息，如人数、天气、场景等。这样便会在很大程度上，给观看粗剪片段的人带来提示。

STEP 05 在发生器窗口勾选最下方的选项"View Notes"，再单击切换到"文本"栏，如图8-49所示。

图8-49

也可以在文本位置键入需要提示的文字。

8.2.2 使用时间码

在很多影视剧粗剪中，会看到一个带有时间码版本的影片，这个时码是从画面第一帧开始直至画面结束，这个带时码的版本会交付到各个工作部门，工作人员会统一使用这个时码对影片进行全面检查，然后根据时码汇总意见，再在时间线上——改正。

那么在这个小节中就来介绍一下如何制作时间码。

▶ **实例——如何制作时间码**

STEP 01 在软件效果窗口，单击选择"发生器"→"元素"→"时间码"，如图8-50所示。

图8-50

FCPX提供了两种时码，一个为"时间码"，由帧、秒、分、时构成；一个为"计数"，由秒数构成。

STEP 02 将时间线中的时间检索线放置到开头位置，或按快捷键【Home】。在效果窗口中单击选中"时间码"，使用连接编辑快捷键【Q】。此时，一条时长为10秒的时间码就被铺设到时间线上了，如图8-51所示。

图8-51

STEP 03 选中时间码片段的结束点，然后将时间检索线移动到片尾的结束处按快捷键【Shift+X】延长时间线的结尾，如图8-52所示。

图8-52

STEP 04 保持时间线中的时间码片段处在选中状态，按快捷键【Command+4】打开检查器窗口，在这个窗口中，可以根据自己的需要进行时间码片段的调整，如图8-53所示。

图8-53

FCPX提供了很多的转场特效、素材特效、滤镜特效，在我们的编辑工作中并不是添加得越多越好，重点在于使用的巧妙。

第 9 章　有声胜无声——音频

一部好的影片对于观众而言就是一次盛大的视听盛宴。

根据美国哈佛商学院有关研究人员的分析资料表明，人的大脑每天通过5种感官接受外部信息，其比例分别为味觉1%、触觉1.5%、嗅觉3.5%、听觉11%以及视觉83%。

与此同时，影片的音效会增加画面的真实感，影片的音乐会烘托影片气氛。

Final Cut Pro X 不但在视频上有其强大的处理功能，在音频方面依然不逊色。可以在这个平台上处理前期录音所出现的瑕疵；还拥有一个强大的音频插件集合，可以使声音更加富有质感；同时提供了一个较为全面的声音库，这些是可以免费使用的。

首先，建立一个名为"第九章"的资源库，将资源库"第八章"中的事件"8.2"复制到资源库"第九章"中，然后将复制过来的事件重命名为"8.2"，并将事件"9.1"中的工程文件也重命名为"9.1"。删除新建资源库中默认建立的其他事件（每个资源库中至少需要一个事件）。

9.1　电平的控制

虽然声音看不到也摸不着，但却是能听得到的。所以声音的品质也决定了一个影片的品质。

那么就先认识一下声音的第一个指标——电平。电平是声音大小的一个衡量指标，一般而言声音的指标都不要超过0dB。

9.1.1　认识音频指示器

FCPX有很便捷的音频指示器，下面就来介绍一下音频指示器的使用与读取。

▶ 实例——音频指示器的使用与读取

STEP 01 双击打开项目"9.1"，按空格键播放时间线上的内容，在时间码窗口的右侧会看到跳动的电平指示器，如图9-1所示。

图9-1

STEP 02 双击时码器窗口右侧的电平指示器；或按快捷键【Command+Shift+8】，则会在时间线的右侧展开一个更清楚的音频指示器。

STEP 03 再次播放时间线中的片段，绿色跳动块表示当前播放片段的音高。绿色块上方有一条跟随一起跳动的横线，此为"峰值标线"，表示这个段落最高峰时的电平所处位置，如图9-2所示。

图9-2

提示： 电平标准。

电平标准意在统一声音的大小，建立起一个相对安全的电平范围。如果制作的影片电平过低时，进入播放端后，为了听得更清楚，人们就会加大音频的增益，如此一来声音中不可避免的底噪就会更加明显；如果制作的影片电平过大，进入播放端时为了不至于声音过曝，人们会减小音频增益，如此一来音频中会有很多细微的地方人耳听不到，使声音听起来没有那么饱满。

所以在电视制作中，考虑到播放环境的多样性，一般将最后混音的音频平均电平控制在-12dB~-6dB，但是其最高峰也不能超过0dB。

在电影制作中，因为影片的播放环境较为单一，为使观众等到一个很大的响度空间，通常将平均电平控制在-31dB~-24dB，这样当影片出现爆炸等高电平信号时，也不至于超过0dB，从而观众也会拥有一个比较不错的响度空间。

但是无论什么影片的制作声音的电平都不能够超过0dB，超过这个电平值，音频指示器会亮起红色报警，而且这个声音在播放段有可能出现爆音的问题。

9.1.2 手动调整电平

接下来以时间线中的"雨中漫步"音乐为例，介绍如何手动调整声音电平。

▶ **实例——手动调整声音电平**

STEP 01 在时间线中的音频片段或视频片段中的音频，其中间位置都有一根横向的电平调整线。

这横线的默认电平是0dB，指的是不在原始声音上做任何电平处理；向上最大为"+12dB"，指的是在原来声音的电平上增加12dB的电平；向下最小为无穷小，指的是声音电平可以完全被关闭，如图9-3所示。

图9-3

STEP 02 保持时间线中的音乐片段处在被选中的状态，然后单击软件任务栏中的"修改"→"调整音

量"→"调高（+1dB）"；或按快捷键【Control+"="】，如图9-4所示。

图9-4

此时，软件中音乐片段的电平就会增加"1dB"，如图9-5所示。

图9-5

STEP 03 现在使用上一步的方法，将音乐片段的电平增加到6dB，如图9-6所示。

图9-6

STEP 04 此时，发现片段中的部分音频段落的波形，会出现红色的波峰。FCPX的最新功能，是能够在时间线中的音频片段的波形中，显示超过0dB的电平信号。

现在就以时间线中音乐片段的第2个至第3个标记点中间的音频段落为例，设置关键帧来调整片段的电平值，如图9-7所示。

图9-7

STEP 05 首先，需要改变一下片段的外观，以方便对片段声音的调整。单击时间线右下方的"改变片段在时间线中的外观"按钮。

将片段外观设置为只显示音频部分，然后适当调整片段高度至合适的位置，如图9-8所示。

图9-8

STEP 06 按住键盘上的功能辅助键【Option】，然后将光标移至时间线上的音乐片段中的电平控制线，会看到光标的右下角增加了白色的点，如图9-9所示。

图9-9

然后分别在第2个至第3个标记点中间，超过电平标准部分的前后建立4个关键帧，如图9-10所示。

图9-10

STEP 07 单击选中第2个与第3个关键帧中间的电平控制线，然后按住鼠标左键向下移动，直至该电平线下的音频波形没有了红色音频波形，如图9-11所示。

图9-11

STEP 08 FCPX是一款人性化的软件。按快捷键【Home】回到音乐片段的开始位置。会发现在每一个音频片段或是视频中带有音频的片段，开头位置都带有一个渐隐控制手柄。现在将时间检索线放置到"雨中漫步"音频片段的开始点处，按住鼠标左键将控制手柄向右拉动，然后再来播放这个片段，会发现片段开头处的音量有一个渐起的过程，如图9-12所示。

图9-12

9.1.3 音频片段间的交叉叠化

音频片段与视频片段一样也可以增加交叉叠化等效果，使音频听起来过渡得更加顺畅。

那么在这小节里，就来介绍如何让片段中的音频过渡得更加自然流畅。

▶ **实例——音频的过渡处理**

STEP 01 单击软件时间线右下角的"改变时间线中片段外观"的按钮，然后选择第3种片段显示方式，这样可以兼顾画面与音频，如图9-13所示。

图9-13

STEP 02 观察在时间线中片段"PA0A1052"与"PA0A1049"是两个女主人公戏水的镜头，在粗剪的时候为了排除干扰，将其片段的音频内容给删除了，但在成片时需要将这些同期声找回来，以增加影片的真实性，如图9-14所示。

图9-14

STEP 03 在时间线的左上角，单击媒体源限制器的倒三角符号，选择"全部"；或按快捷键【Shift+1】，如图9-15所示。

图9-15

然后分别单击选中时间线中的两个片段，按快捷键【Shift+F】，在事件浏览器中定位两段视频的原始片段，再按连接编辑快捷键【Q】，将两个片段的原始片段连接到时间线上并对齐两个片段，如图9-16所示。

图9-16

STEP 04 然后分别按快捷键【Command+C】复制片段属性，再按快捷键【Shift+Command+V】将对应的片段属性复制到相应片段上去，如图9-17所示。

图9-17

STEP 05 选中时间线上两个带有音频的视频片段，如图9-18所示。

图9-18

单击鼠标右键，在弹出的下拉菜单中选择"覆盖至主要故事情节"选项；或按快捷键【Command+Option+↓】，将两个连接片段覆盖到主要故事情节上去，如图9-19所示。

图9-19

STEP 06 可以看到两段视频的电平相差很大，当然也可以从缩略图中看到两个画面的景别不同，一个是手部特写，另一个是人物中景，自然水声的电平也应该有所差异，于是需要将两者的声音有所过渡，这样听起来就会更加自然。

将时间线中的音频片段还原到原始状态。

按快捷键【R】将工具切换到选择工具，然后框选音频段落上的4个关键帧，单击鼠标右键，在弹出的"删除关键帧"单击鼠标左键删除4个关键帧，如图9-20所示。

图9-20

继续保持音乐片段处于被选中的状态，然后在检查器中选择"音频"项，将音量处键入"0"，将片段电平回归到0dB，如图9-21所示。

图9-21

STEP 07 再次播放这个小片段，会发现两个片段的声音进入与结束得太突兀，而且两个片段间的过渡也不够。

将片段"PA0A1052"的电平降低到一个合适的位置，选中改变片段电平控制线，按住鼠标左键向下拖动。将该片段的电平下调6dB，如图9-22所示。

图9-22

STEP 08 单击软件任务栏中的"片段"→"展开音频/视频"选项；或按快捷键【Control+S】，如图9-23所示。

图9-23

此时，片段"PA0A1052"的视频与音频会被展开，但是视频与音频却是粘贴在一起的。这与使用"将片段项分开"是有质的区别的：如果按快捷键【Shift+Command+G】，那么音频片段就会与视频片段彻底剥离开。为不使时间线显得太杂乱，选择将片段展开。

STEP 09 在时间线上选择片段"PA0A1052"的音频开始点，然后将其加长，并使用控制手柄做一个音频渐起，如图9-24所示。

图9-24

STEP 10 按照上一步的操作，分别加上两个片段的开始点与结束点，并做音频渐变处理，如图9-25所示。

图9-25

再来播放这个片段，可以感觉这两个片段听起来舒服多了。

STEP 11 但是两个片段的连接处的过渡还是有些问题。下面利用软件的多种"渐变形状"来解决这个问题。

按住功能辅助键【Control】，单击控制手柄点处，如图9-26所示。

图9-26

然后会弹出多种"渐变形状"的选择菜单，将两个片段的交接处都选择"S曲线"。

再次播放这个片段，能够明显感觉到后者的过渡更为合适。

9.2 修剪音频片段

音频片段与视频片段一样，都可以经过剪辑使其更符合需要的状态。

▶ **实例——音频片段的剪辑处理**

首先，在"第九章"的资源库里新建事件"9.2"，快捷键为【Option+N】，全选事件"9.1"中的视频片段，按住【Option】键将事件"9.1"中的片段拖到新建事件"9.2"中，此时，事件"9.1"中的片段就被复制到事件"9.2"中去了。用同样的方法将事件"9.1"中的工程文件"9.1"复制到事件"9.2"，并将事件"9.2"中的工程文件重命名为"9.2"。

STEP 01 双击打开工程文件"9.2"，按快捷键【Shift + Z】显示整个时间线片段，会发现音乐的长度有些过长。接下来就以此为例介绍如何修剪音频片段，如图9-27所示。

图9-27

▶ **实例——音频采样频率的设置**

① 单击选中时间线中的音乐片段，在监视器窗口选择"信息"栏，单击窗口左下角菜单选项"基本"，如图9-28所示。

图9-28

此时，可以看到"采样速率"栏中显示为44.1KHz。那么也就意味着该片段音频每秒钟采集44100份音频样本。

44100份/25帧=1764份/帧。

如果用这个音频的采样频率除以视频画面的每秒25帧（PAL制），那么每帧画面就拥有1764份可编辑音频。

② 拖动任意音频片段的编辑点，会发现不同于视频片段，音频片段的时码显示会有"子帧"项，如图9-29所示。

图9-29

③ FCPX，在音频剪辑方面增加新的精确度，允许用户在每帧视频画面中可以精细编辑到1/80个单位。

④ 按住功能辅助键【Command】移动方向键，可以实现1/80帧的移动。

STEP 02 需要将这个片段的音乐听起来无缝对接，那么就要将音乐的章节处剪辑，然后将其中的章节删除，这样音乐的整体时长也就缩短了。

在时间线中1分19秒的地方，将其剪开，因为这是一个音乐段落的开始位置，而且这个段落紧挨结尾部分，如图9-30所示。

图9-30

STEP 03 将结尾片段向前移动，找到一个使结束点离视频结尾最近的、音乐段落结束的位置，在此处将主音频段落剪开。找的位置大约在时间线上39秒19帧的位置，如图9-31所示。

图9-31

STEP 04 将时间检索线移动至音频编辑点位置，然后按快捷键【Command+"="】将此编辑点放大，如图9-32所示。

图9-32

播放这个片段，发现需要编辑的方向是：将前一片段的最后一个波峰删除，然后将后一片段的第一个波峰跟进。

反复试听这个片段，然后调整两端音频的结束点与开头点位置，直至从节奏上与衔接上没有明显接痕的状态，如图9-33所示。

图9-33

已经做到了一个不错的接点位置，但是还是能够听到细微的吧嗒声，从图片位置上可以看到，两端音频的接点位置的电平还是有不一样的地方。

STEP 05 使用视频叠化的方式，音频也可以通过叠化来弱化接点处的瑕疵。框选这两个片段，按快捷键【Command+G】建立次级故事情节。再单击选中音频接点处的一个编辑点，如图9-34所示。

图9-34

STEP 06 单击软件任务栏中的"编辑"→"添加'交叉叠化'"；或按快捷键【Command+T】，如图9-35所示。

图9-35

此时会发现叠加区域有重影的波峰波形，如图9-36所示。

图9-36

STEP 07 将光标移动至交叉叠化特效的左上角位置，待光标变成的形状，然后按住鼠标左键向右拖动，直至两个波峰重叠，如图9-37所示。

图9-37

STEP 08 反复播放叠化特效前后的音频片段，单击选中此交叉叠化特效，如图9-38所示。

图9-38

在软件的检查器中，可以在"音频交叉渐变"中选择淡入淡出的类型，如图9-39所示。

图9-39

9.3 控制声相及通道

伴随着硬件技术的发展，越来越多播放端支持2.0声道、2.1声道，甚至是5.1声道。不管是立体声或是环绕立体声，都要求声音设计要有立体空间感。在实际生活中，可以利用耳朵来判断声相产生的方向是在什么地方，而单声道时代这种声音的立体感却是很难达到的，所以才慢慢衍生出2.0声道、2.1声道、5.1声道、7.1声道，以增进影片在声音还原上的真实性。

FCPX，允许创建立体声以及环绕立体声的多种声场模式，而且能够轻松创建声相，简单高效地控制声相模拟立体声及环绕立体声。接下来就介绍一下声相的控制。

首先，在"第九章"的资源库里新建事件"9.3"，快捷键为【Option+N】，全选事件"9.2"中的视频片段，按住【Option】键将事件"9.2"中的片段拖到新建事件"9.3"中，此时，事件"9.2"中的片段就被复制到事件"9.3"中去了。用同样的方法将事件"9.2"中的工程文件"9.2"复制到事件"9.3"，并将事件"9.3"中的工程文件重命名为"9.3"。

▶ **实例——立体声相的制作**

STEP 01 双击打开项目"9.3"，选中时间线中的片段"PA0A1052"，如图9-40所示。

图9-40

STEP 02 在软件的检查器中，单击"音频"项，可以发现片段的声相模式处在"无"，而下方的通道配置中却显示为"立体声"，如图9-41所示。

STEP 03 在时间线中选中该片段，然后按快捷键【Option+S】单独播放该片段，如图9-42所示。

可以在音频指示器中看到，左右声道都有声音，而且左右声道的电平一直保持一致的状态，如图9-43所示。

图9-41

图9-42

图9-43

这说明声音确实是立体声，但只是左右声道都有声音，左右声道并不是真正的立体声，因为声音中没有声相的变化。

STEP 04 播放这个片段，可以发现，镜头从右向左摇动，而画面中主要的声音来源于左侧的流水声，那么伴随着镜头的移动流水声也应该有一个从左至右的过程，就利用FCPX模拟这一声相的变化。

保持时间线中的片段"PA0A1052"处在被选中的状态，然后单击软件的检查器中"声相模式"的倒三角符号，在展开的菜单中选择"立体声左/右"，如图9-44所示。

图9-44

STEP 05 选中时间线中的片段"PA0A1052"，然后单击鼠标右键弹出下拉菜单。在弹出的下拉菜单中选择"显示音频动画"；或按快捷键【Control+A】，如图9-45所示。

图9-45

STEP 06 此时，片段中的音频下方会出现声相的设置条，单击声相条右侧的倒三角按钮，将其展开，如图9-46所示。

图9-46

STEP 07 将时间检索线移动至片段音频的最左端，然后在检查器的声相量中键入数字"-40"，如图9-47所示。

图9-47

然后将时间线中的时间检索线移动到该片段音频最右方，在声相量中键入数字"20"，如图9-48所示。

图9-48

STEP 08 此时，片段"PA0A1052"就建立起一个从左至右的声相量，如图9-49所示。

图9-49

保持该片段处在单独播放的状态，然后反复播放这个片段，感受到声音从左到右有一个变化的过程。

▶ **实例——环绕立体声相的制作**

上一个小的章节介绍了立体声声相的建立，在这节中，来认识一下环绕立体声声相的制作。

STEP 01 首先，单击选中事件"9.3"中的项目"9.3"，然后单击鼠标右键，在弹出的下拉菜单中选择"复制项目"；或按快捷键【Command+D】，复制该项目。

然后给新建的项目重命名为"9.3.2"，如图9-50所示。

图9-50

STEP 02 单击选中项目"9.3.2"，在监视器的"信息"栏中选择"修改设置"选项；或按快捷键【Command+J】，如图9-51所示。

图9-51

在弹出的修改设置对话框中，将音频通道设置为环绕声，如图9-52所示。

图9-52

可以看到时间线右侧的音频指示器，变成拥有6个通道的环绕"5.1"立体声，Ls、L、C、R、Rs、LFE它们分别代表左环绕、左、中置、右、右环绕、重低音单元，其中前5个单元是全频单元，最后的重低音单元为小于120Hz的重低音频单元，如图9-53所示。

图9-53

STEP 03 选中时间线中的片段"MI1A8113"，可以看到这个片段的镜头是从左摇向右，那么将此片段的音频片段利用上面的方法恢复到时间线中，如图9-54所示。

图9-54

然后，按快捷键【Control+S】，将片段的视频与音频展开，分别加长其音频开始点与结束点，利用两端的控制手柄快速制作电平渐变。

STEP 04 单击选中该片段，然后按快捷键【Option+S】，单独播放该片段的音频。保持该片段在时间线中处在被选中状态，单击监视器中的音频项，在声相模式的下拉菜单中选择"基本环绕声"，然后展开环绕声声相器，如图9-55所示。

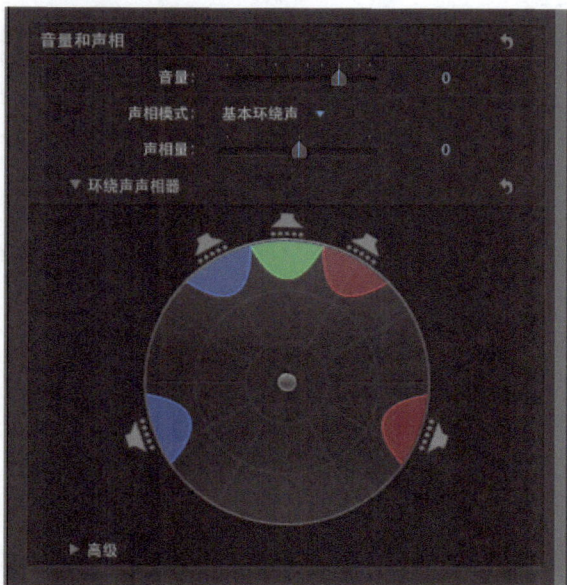

图9-55

围绕圆心的5个喇叭符号，分别代表从左到右的5个声道。

STEP 05 将时间线中的时间检索线移动至片段的音频最左侧的开始点，然后将光标移至中间白点，按住鼠标左键将白点拖曳至左侧，再单击环绕声声相器右上方的关键帧按钮，如图9-56所示。

图9-56

将时间检索线移至片段"MI1A8113"的音频结束点，然后将中间白色小球拖曳到右侧位置，此时软件将自动在结束点位置建立声相关键帧，如图9-57所示。

图9-57

STEP 06 单击选中时间线中的片段"MI1A8113"，然后按快捷键【Control+A】将其音频动画展开，在展开的音频动画的声相中选择"全部"，会发现音频片段的开始点与结束点建立起的关键帧，如图9-58所示。

图9-58

STEP 07 反复播放该片段，会听到一个由左向右的声响变化。按快捷键【Option+S】关闭片段独奏，反复播放该片段，然后利用之前学过的知识降低该片段的电平值。

▶ **实例——音频通道的管理**

在很多时候摄像机进行前期拍摄时，除了机头话筒录环境声以外，还会有一个外置超指向话筒保证对白的录制。

在后期剪辑中，有可能只是用其中一个话筒的声音，那么就需要将其他话筒的声音屏蔽掉，那么此时在FCPX中，音频通道的管理可以很简单地解决这个问题。

下面就来介绍一下FCPX的音频通道管理。

STEP 01 单击时间线中的片段"PA0A1049"，如图9-59所示。

图9-59

STEP 02 在检查器中的音频栏，单击通道配置的倒三角处，在下拉菜单中选择"双单声道"选项，如图9-60所示。

图9-60

STEP 03 此时，如果两个声道的声音不同，可以将相关声道前的对号勾选掉，就可以将该片段的相关声道屏蔽掉，如图9-61所示。

图9-61

使用此方法，可以避免将片段的视频与音频完全分离，只单独删除其不用的音频片段，就可以将时间线中的音频和视频完整的绑定在一起，从而使时间线看起来不再杂乱无章。

9.4 音频效果的使用

跟视频滤镜一样，FCPX也为音频准备了大量的音频效果器，这其中包括只有在专业音频软件Logic中才具有的音频滤镜。

那么，在这节中了解一下音频效果器的使用。

首先，在"第九章"的资源库里新建事件"9.4"，快捷键为【Option+N】，全选事件"9.3"中的视频片段，按住【Option】键将事件"9.3"中的片段拖到新建事件"9.4"中，此时，事件"9.3"中的片段就被复制到事件"9.4"中去了。用同样的方法将事件"9.3"中的工程文件"9.3.2"复制到事件"9.4"，并将事件"9.4"中的工程文件重命名为"9.4"。

▶ 实例——使用EQ跳接片段音频

EQ是最常见音频效果器，它可以调整音频片段中不同频率的电平，从而控制某一频率电平的大小，这样的操作可以改善音频的声音品质，规避某些频率上的噪声。

STEP 01 双击打开项目"9.4"，选中时间线上的片段"PA0A1052"。播放该片段，会发现片段中的低频过多，使片段音频的流水声听起来杂音很多，如图9-62所示。

图9-62

STEP 02 保持该片段处在选中状态，在监视器窗口中选择"音频"选项，然后在"音频增强"栏中，单击右侧的方形图标，如图9-63所示。

图9-63

STEP 03 此时，软件会打开"图形均衡器"对话框，然后按住功能辅助键【Command】，同时选中前4栏频率，会看到有一个蓝框框选着前4栏音频，再按住鼠标左键向下拖曳任意一个白色小球，其余3个小球都会随之向下移动，如图9-64所示。

图9-64

STEP 04 单击"图案均衡器"对话框左下角的"10频段"处，此时会展开一个菜单，然后选择"31频段"，如图9-65所示。

图9-65

此时，有更多的频率段可以调整。

再来播放这个片段，经过调整EQ，片段的流水声显得干净了许多。

▶ 实例——使用其他音频效果

在"9.4.1"中，选择使用的音频效果器是监视器中默认的，在这节中，介绍一下软件中其他效果器的使用。

STEP 01 按快捷键【Command+5】，打开软件的效果器窗口。可以在"效果"栏中的"音频"分栏看到软件提供的很多音频效果，因为滤镜效果太多，在此就不做一一介绍了，现在只挑选其中的"Fat EQ"效果进行介绍，如图9-66所示。

图9-66

STEP 02 音频效果器的添加方式与视频效果器的添加方式相同。

在效果器窗口中选中"Fat EQ"效果，然后按住鼠标左键将其拖曳到时间线中的片段"PA0A1052"上，待光标出现加号松开鼠标左键，如图9-67所示。

图9-67

STEP 03 保持时间线中的片段"PA0A1052"处在被选中的状态。在检查器中，可以看到效果栏中添加了效果"Fat EQ"，展开参数的倒三角符号，里面有大量

的参数可以调整，也可以单击该效果器右上方的方形按钮，如图9-68所示。

图9-68

STEP 04 此时，软件中会打开效果"Fat EQ"的对话框。对话框中显示的只有在专业软件中才会出现的仿硬件平台界面，这个界面比起检查器中的过重数据调整看起来就直观多了，然后调整几个旋钮的位置，以及下方的相关参数，就可以轻松完成对该片段EQ的调整，如图9-69所示。

图9-69

第10章

大功告成——项目输出

经过前9章的学习，相信大家已经可以完成一部影片的剪辑工作，剩下的就是最后的项目输出工作。

FCPX凭借其强大的64位架构，以及最新的渲染引擎，可以压缩渲染输出的时间。而且软件还可以按角色输出，以方便将不同文件快速分类输出给其他协作部门。同时还可以将输出任务发送至软件Compressor中，进行多种格式文件的快速输出。

最新的XML文件，方便我们与多种软件交付工作任务。

首先，建立一个名为"第十章"的资源库，将资源库"第九章"中的事件"9.4"复制到资源库"第十章"中，然后将复制过来的事件重命名为"9.4"，并将事件"10.1"中的工程文件也重命名为"10.1"。删除新建资源库中默认建立的其他事件（每个资源库中至少需要一个事件）。

10.1　母版文件输出

在母版文件输出中，软件给提供了优质的Apple ProRes系列编码，此系列编码格式是苹果公司独立研制，能带来多种多样的帧尺寸、帧率、位深以及色彩采样比率，而且能够完美地保留原始文件的视频质量。

目前ProRes有6个版本：ProRes Proxy、ProRes 422 LT、ProRes 422、 ProRes 422 HQ、ProRes 4444 及 ProRes 4444 XQ，每一个ProRes所用的情形和拍摄环境都是不同的。

（1）ProRes Proxy：是苹果家族中，码流最小的一个编码格式，其常应用于代理文件的使用，或是交付粗剪版本的使用上。

（2）ProRes 422 LT：和ProRes Proxy相比，ProRes LT整体画面质量较高，因为ProRes LT包含画面中的每一个像素，它的比特率是ProRes Proxy的两倍。而在分辨率为1920×1080帧率为29.97 fps的情况下，Apple ProRes 422 LT的目标数据速率大约是102 Mbps。

（3）ProRes 422：在Final Cut Pro X中，ProRes 422是所有优化媒体的默认格式，能很出色地平衡画质和剪辑效率，也是大多数DSLR使用者的首选。在分辨率为1920×1080帧率为29.97 fps的情况下，Apple ProRes 422 的目标数据速率大约是102 Mbps，这使得 ProRes 422成为大多数8比特视频格式，比如H.264、AVCHD、MPEG-4、DVCPro等的最佳选择。

（4）ProRes 422 HQ：ProRes HQ是最受欢迎的ProRes类别，其在后期的工作中采用率很高，在10比特像素深度下支持全宽4:2:2视频源，同时通过好几代的解码和重新编码，在视觉上几乎看不出损失。这是GH4的理想格式，比如它支持10比特4:2:2色彩二次抽样。在分辨率为1920×1080帧率为29.97 fps的情况下，Apple ProRes HQ的目标数据速率大约是220 Mbps。

（5）ProRes 4444：ProRes 4444支持全分辨率，在4:4:4:4 RGBA色彩和视觉还原方面做得很好，它在感知上和原始材料是分辨不出来的，因为它为每个像素都提供了颜色采样。

Apple ProRes 4444对于存储和交换动态影像及合成来说是一个很高的分辨率，Alpha通道无损高达16比特（允许视频片段带通道输出，这是上面任何一种编码所不能的）。几乎是非常适合VFX工作、色度键控及重度调色操作。在分辨率为1920×1080帧率为29.97 fps数据来源为444的情况下，Apple ProRes 4444的目标数据速率大约是330Mbps。

（6）ProRes 4444 XQ：ProRes 4444 XQ是ProRes家族最新的成员，它是一个非常专业高质量的格式，专为高端后期工作流程和设备而设计。比如标准的Apple ProRes 4444，这个编码解码器支持的每个画面通道比特高达12，每个Alpha通道则高达16比特。在分辨率为1920 x 1080帧率为29.97 fps数据来源为444的情况下，Apple ProRes 4444 XQ的目标数据速率大约是500 Mbps。这个编码解码器是不能用于一般项目上的，比如一位普通的DSLR摄影师在为小型独立制作项目工作这类的，它应该用于的情况至少是，一个好莱坞工作室有拍摄项目，并且使用的是最新的Arri Alexa XT进行拍摄，而这个项目后期也会是大制作行列中的一员。

▶ **实例——母版文件输出方法**

STEP 01 在时间线中，按快捷键【Home】将时间检索线移动至片头位置，按快捷键【I】建立入点，然后将时间检索线移动至片段的结尾处，按快捷键【O】建立出点，如图10-1所示。

图10-1

如果不建立选区直接输出片段的话，软件会将整个时间线中的所有片段都包含在内输出文件，这其中包含空隙片段。

STEP 02 单击时间线右上方的共享按钮，然后在弹出的菜单中选择"母版文件"选项，如图10-2所示。

或单击软件任务栏中的"文件"→"共享"→"母版文件"命令；或按快捷键【Command+E】，如图10-3所示。

图10-2   图10-3

提示： 因为硬盘格式而导致的输出失败。

如果在输出过程中，发现无论是使用上面3种方法中任意一种方法，都无法输出该项目，那么请查看你的资源库文件，是不是储存在"NTFS"格式的硬盘中。

现在最常见的硬盘格式有3大种类，其分别是Mac OS格式、ExFAT格式、Windows NT格式。

其中ExFAT格式，是从FAT32格式演进而来，改进了FAT32格式单个文件最大只支持4GB的问题，也是这3种格式硬盘中，唯一一种不用通过第三方插件就可以在MAC系统与WINDOWS系统共用的硬盘格式，如图10-4所示。

图10-4

建议在MAC系统中，最好将所有硬盘格式都格式化为Mac OS格式，因为Mac OS格式硬盘在MAC系统下运行最稳定，而且其读写速度最快。

STEP 03 在弹出的"母版文件"对话框中，单击视频编解码器选择"Apple ProRes 422 HQ"，然后单击"下一步"按钮。当然也可以根据需要选择其他视频编解码器，如图10-5所示。

图10-5

注意对话框最下面的输出说明，它会显示输出片段的基本信息，而且也会预算出输出片段的文件大小，如图10-6所示。

图10-6

STEP 04 软件会弹出导出文件的路径设置，以及导出文件的文件名。在这里选择导出文件到电脑的桌面上，文件名为"10.1"，然后单击"储存"按钮，如图10-7所示。

图10-7

STEP 05 此时，软件就开始了生成影片的任务，可以双击时码器窗口中的进度圈；或按快捷键【Command+9】，打开后台任务对话框，看到共享进度，如图10-8所示。

图10-8

提示： FCPX的输出过程不同于FCP7，在旧版本的生成工程中，不能在软件中做任何操作，因为只要操作软件中的其他部分，软件的生成工作就会被马上取消。在FCPX的输出过程中，可以进行其他的操作，只是根据你的相关操作，输出影片的进度有可能会变慢或暂时停止。

STEP 06 当软件输出完毕，会在整个屏幕的右上角弹出一个"共享成功"对话框，单击对话框中的"显示"按钮，软件会自动定位输出文件的位置，并新建一个Finder窗口将其打开，如图10-9所示。

图10-9

10.2　导出XML

XML，一种文件格式，其中记录着时间线中片段的开始点与结束点，以及片段的结构性数据，导出的XML文件很小，一般只有几百KB，但其可以很方便地在第三方软件中打开，如调色软件DaVinci Resolve，并且完整复原片段在FCPX中的位置结构。

FCPX不仅可以输出XML文件，也可以在第三方软件中完成相关任务后，比如DaVinci Resolve的调色任务，第三方软件输出一个XML文件，将其导入到FCPX中，继续后续的编辑工作。

下面就为大家来介绍一下，如何使用FCPX导出XML文件。

▶ **实例——使用FCPX导出XML文件**

STEP 01 在时间线中按快捷键【Home】将时间检索线移动至片头位置，按快捷键【I】建立入点，然后将时间检索线移动至片段的结尾处，按快捷键【O】建立出点，如图10-10所示。

图10-10

STEP 02 单击软件任务栏中的"文件"→"导出XML"命令，如图10-11所示。

图10-11

STEP 03 在弹出的"导出XML"对话框中，选择导出文件的路径，如果特殊软件需要也可以选择其他"元数据视图"，然后单击"储存"按钮，如图10-12所示。

图10-12

10.3 导出文件

FCPX也支持多种文件格式及分轨文件的输出。

▶ **实例——其他格式与分轨文件的输出**

STEP 01 在时间线中按快捷键【Home】将时间检索线移动至片头位置，按快捷键【I】建立入点，然后将时间检索线移动至片段的结尾处，按快捷键【O】建立出点，如图10-16所示。

图10-16

STEP 04 此时，软件会跳出一个输出XML文件的进度条。因为XML文件只是记录片段的基本信息，所以这个过程会非常快，如图10-13所示。

图10-13

进度条结束后，在相应的路径下就能够找到图10-14所示的一个图标文件。

图10-14

STEP 05 XML文件的导入也很简单，在任务栏中选择"文件"→"导入"→"XML"命令，如图10-15所示。

图10-15

STEP 02 单击时间线右上方的共享按钮，然后在弹出的菜单中选择"导出文件"选项，如图10-17所示。

图10-17

或单击软件任务栏中的"文件"→"共享"→"导出文件"命令进行输出。

STEP 03 此时，软件会弹出一个"导出文件"对话框。在"设置"栏中，单击格式按钮，会弹出一个下拉菜单，可以选择"视频和音频""仅视频""仅音频"3种方式，如图10-18所示。

图10-18

提示： 快速生成MP4文件。

如果单击"发布"中的"电脑"，可以直接输出MPEG-4格式H.264编码的视频文件，这样可以在更广泛电脑或播放器中打开该文件，如图10-19所示。

图10-19

STEP 04 在"角色为"中，选择多种结构的文件方式，然后单击"下一步"按钮。在弹出的界面选择输出路径，单击"存储为"按钮输出影片，如图10-20所示。

图10-20

提示： 添加目的位置。

在单击软件"共享"按钮时，会发现缺少"图像序列"和"Compressor设置"等常见选项。当遇到这种情况可以用下面的方法解决。

❶ 单击时间线右侧的"共享"按钮，然后在下拉菜单中选择"添加目的位置"，如图10-21所示。

图10-21

❷ 软件会打开一个"目的位置"对话框，可以将需要的导出方式，按住鼠标左键拖曳到对话框左侧的目的位置，如图10-22所示。

图10-22

10.4 导出单帧与序列

在很多需要第三方软件制作特效时，可能会遇到输出单帧或序列的问题，接下来就在这节中，介绍一下输出这两种文件的方法。

▶ 实例——导出单帧与序列的方法

STEP 01 如果需要导出单帧画面，只要，在时间线上将时间检索线放置到需要导出的帧数上，此时，监视器中显示的画面就是要导出的画面，然后单击"共享"按钮，在下拉菜单中单击"储存当前帧"选项，如图10-23所示。

STEP 02 在弹出的"储存当前帧"对话框中，单击"导出"项后的倒三角符号，可以选择多种图片格式，如图10-24所示。

然后单击"下一步"按钮，选择导出路径，单击"储存"按钮，完成导出单帧的任务。

图10-23　　　　图10-24

STEP 03 导出序列与导出单帧唯一的不同是：导出序列需要选择导出范围，如果不选择导出范围，那么，导出的序列将会是整个时间线中的画面序列。

10.5 分角色导出文件

FCPX，首次使用磁性工作线的编辑软件，抛弃了传统的轨道编辑软件。但是没有轨道，有很多时候也会带来一些困扰，没有轨道就会导致无法将有关片段根据轨道区别开，再通过屏蔽相关轨道来实现分类导出的目的。

FCPX在解决这类问题时有更好的办法，那就是角色分配，也就是可以分角色进行视频输出。

下面就来学习一下分角色导出文件的方法。

▶ 实例——分角色导出文件的方法

STEP 01 首先，选中时间线中的任意片段，然后选择检查器中的"信息"栏，在窗口的左下角选择"基本"。

此时，可以在检查器窗口中看到"角色"项，如图10-25所示。

然后，单击"角色"后的倒三角按钮，在展开的菜单中，选择"编辑角色"选项，如图10-26所示。

图10-25

图10-26

STEP 02 软件会弹出"角色编辑器"对话框，单击对话框左下角带加号的倒三角，然后，增加想要的音视频分类项目,如图10-27所示。

图10-27

STEP 03 选中时间线中的一个字幕片段,然后在检查器窗口的"信息"栏中选择"角色"项,单击"角色"项后的倒三角,再单击"视频",此时,该字幕片段就被分配上了"视频"的角色,如图10-28所示。

图10-28

可以通俗地理解为,"角色"就是软件对片段的一种分类。

STEP 04 选中时间线下方的"雨中漫步"音频片段,如图10-29所示。

图10-29

软件会将此片段默认为"对白"的"角色",在检查器中将"角色"选项改变为"音乐";或按快捷键【Control+Option+M】,如图10-30所示。

图10-30

STEP 05 在时间线中按快捷键【Home】将时间检索线移动至片头位置,按快捷键【I】建立入点,然后将时

间检索线移动至片段的结尾处,按快捷键【O】建立出点,如图10-31所示。

图10-31

STEP 06 然后,单击"共享"按钮,选择"母版文件";或按快捷键【Command+E】,如图10-32所示。

图10-32

STEP 07 在"母版文件"对话框中的"角色为"中选择"多轨道QuickTime文件",此时,软件会自动根据角色分为3类,如图10-33所示。

图10-33

在实际应用中，角色分类可能会很多，可根据实际情况选择合理的角色分组进行文件导出。

10.6 使用Comperssor输出文件

Compressor是苹果推出的运行于Mac OS 系统中的一款音频与视频编码器软件，苹果视频编辑软件中不可缺少的套装软件之一。

下面就一起来看看，利用Compressor怎么来输出文件。

▶ 实例——Comperssor设置添加到目的位置

STEP 01 单击软件中的"共享"按钮，选择"添加目的位置"。

STEP 02 在"添加目的位置"对话框中，将右侧栏中的"Comperssor设置"拖曳到左侧栏中，如图10-34所示。

图10-34

STEP 03 此时，"添加目的位置"对话框中会弹出一个白色框，在这个边框中会出现很多Comperssor预置的各种文件格式，选择"音频格式"→"AIFF文件"（苹果独有的音频交换文件），然后单击"好"按钮，如图10-35所示。

图10-35

STEP 04 此时，FCPX的"共享"按钮中就多了一项"AIFF文件"的输出选项，如图10-36所示。

图10-36

▶ 实例——发送到Comperssor中输出

STEP 01 在时间线中按快捷键【Home】将时间检索线移动至片头位置，按快捷键【I】建立入点，然后将时间检索线移动至片段的结尾处，按快捷键【O】建立出点，如图10-37所示。

图10-37

STEP 02 在软件任务栏中选择"文件"→"发送到Compressor"命令，如图10-38所示。

图10-38

STEP 03 此时，软件Compressor会自动打开，并在软件中添加了项目"10.1"的输出任务，如图10-39所示。

图10-39

STEP 04 在软件Compressor中选中项目"10.1"，在软件的监视器中选择输出范围，如图10-40所示。

图10-40

STEP 05 单击软件中的"添加输出"按钮，此时，软件中会弹出一个选择输出项的对话框。

可以选择一项或多项输出设置，这里使用功能辅助键【Command】，同时选择了"未压缩8位4:2:2""AIFF文件""MP3文件"3个设置，然后单击"好"按钮，如图10-41所示。

图10-41

STEP 06 此时，软件中就建立了其3个输出任务，如图10-42所示。

图10-42

STEP 07 将光标移至"位置"处，然后单击鼠标右键，在"位置"的菜单中选择"其他"，在弹出的对话框中选择输出路径，如图10-43所示。

图10-43

STEP 08 可以继续在FCPX中，发送其他项目在软件Compressor中添加任务。也可以单击软件左下角的添加按钮，将电脑中的其他文件添加到软件里，进行相应的文件转换，如图10-44所示。

图10-44

STEP 09 将需要转换或输出的任务全部添加完毕后，单击软件右下方的"开始批量处理按钮"。文件就会移动到软件的"活跃"栏中开始转码或输出任务，如图10-45所示。

图10-45

在这节中，为大家介绍了FCPX多种的输出方式，希望在实际工作中能够给你带来帮助。

附录

附录A

一、键盘快捷键

本书始终在强调使用快捷键进行编辑工作的重要性，Final Cut Pro为我们提供超过三百个的操作命令，在此罗列一些经常使用的快捷键命令，让使用者对此有一个系统性地认识，通过这些快捷键的使用提升对软件的使用效率。

二、修改默认快捷键

很多成熟的剪辑师，会在不同的剪辑软件平台上工作，然而每款剪辑软件的快捷键会有不同的设置，Final Cut Pro X提供了便捷的重置快捷键的功能。

STEP 01 在任务栏中选择"Final Cut Pro"→"命令"→"自定..."；或按快捷键【Command+Option+K】，如图A-1所示。

图A-1

STEP 02 软件会弹出"Command Editor"的对话框，接下来认识一下这个对话框中的功能，与此同时，创造一套专属于自己的快捷键，如图A-2所示。

图A-2

STEP 03 单击软件左上角的"默认"按钮，软件会弹出一个选择菜单，单击"复制"选项，如图A-3所示。

图A-3

为新建"命令集"取名为"我自己的"，然后单击"OK"按钮，如图A-4所示。

此时，软件的左上角按钮变成了"我自己的"按钮，可以开始给自己重新定义一组快捷键，如图A-5所示。

图A-4

图A-5

STEP 04 在"Command Editor"的对话框的左下部分的"Command Groups"栏中，可以通过分栏内容快速找到想要更改的任务快捷键，如图A-6所示。

图A-6

也可以在软件的右上角的搜索框中，快速检索已知名称的任务。现在将其键入"拷贝"名称，如图A-7所示。

图A-7

可以看到在"Command Groups"栏中，软件罗列了多种有关"拷贝"的任务，如图A-8所示。

图A-8

STEP 05 现在假设需要更改"拷贝"任务的快捷键。单击选中"Command Groups"栏中"拷贝"选项，如图A-9所示。

图A-9

可以看到"拷贝"选项默认的快捷键为【Command + C】，保持"拷贝"选项处在被选中的状态，然后按快捷键【Command + E】，如图A-10所示。

图A-10

此时，软件会弹出一个对话框，并且提示这个快捷键组已经被占用，原来此快捷键为"使用默认共享位置导出"，如果单击"重新制定"，那么【Command + E】就被重新赋予为"拷贝"命令，在这里单击"取消"按钮。

STEP 06 单击软件上半部分键盘处的【Command】按钮或按住键盘上的【Command】键不放，键盘中按键有颜色的按键和带有星号标志的按键，表示在默认状态下软件已经设置的与【Command】键一起组成快捷键了，没有颜色以及没有星号的键是软件在默认状态下没有设置的，如图A-11所示。

还可以通过这种方式快速确认组合键的功能。

图A-11

现在可以看到在按住【Command】键的情况下，键盘上的【S】、【P】键没有任何标记，也就是说此时与【Command】键共同组合使用的按键还有【S】、【P】是空闲状态。

STEP 07 在"Command Groups"栏中单击选中"拷贝"选项，然后按【Command+S】组合键，此时，软件将【Command+S】组合键认定为"拷贝"快捷键命令，如图A-12所示。

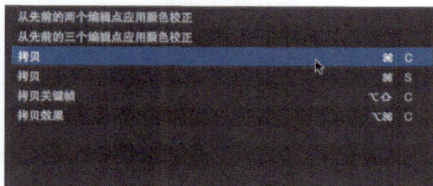

图A-12

可以发现"Command Groups"栏中多了一个"拷贝"的快捷键组合。

STEP 08 保持"Command Groups"栏中的【Command+C】组合键命令处在选中状态，然后按下键盘中的【Delete】键，栏中的【Command+C】组合键命令便被删除，如图A-13所示。

图A-13

STEP 09 单击对话框Command Editor的左上角按钮，在弹出的下拉菜单中，可以单击选择"默认"选项，此时，软件会切换到默认快捷键选项。

也可以在选中"我自己的"创建快捷键项时，单击菜单中的"删除…"选项，如图A-14所示。

图A-14

在弹出的对话框中单击"删除"按钮，这样就在软件中删除了"我自己的"快捷键项，如图A-15所示。

图A-15

三、常用默认快捷键命令集

（1）应用程序

命 令	快捷键	操 作
隐藏应用程序	Command+H	隐藏 Final Cut Pro
隐藏其他应用程序	Option+Command+H	隐藏除 Final Cut Pro 之外的所有应用程序
键盘自定	Option+Command+K	打开命令编辑器
最小化	Command+M	最小化 Final Cut Pro
打开资源库	Command+O	打开现有资源库或新资源库
偏好设置	Command+逗号键（,）	打开 Final Cut Pro 的"偏好设置"窗口
退出	Command+Q	退出 Final Cut Pro
重做更改	Shift+Command+Z	重做上一个命令
撤销更改	Command+Z	撤销上一个命令

（2）编辑

命 令	快捷键	操 作
调整音量（绝对）	Control+Option+L	将所有所选片段的音频音量调整为特定的 dB 值
调整音量（相对）	Control+L	使用相同的 dB 值来调整所有所选片段的音频音量
追加到故事情节	E	将所选部分添加到故事情节的结尾
试演：添加到试演	Control+Shift+Y	将所选片段添加到试演
试演：复制并粘贴效果	Option+Command+Y	复制试演中的片段并添加效果
试演：复制为试演	Option+Y	使用时间线片段和该片段（包括应用的效果）的复制版本创建试演
试演：复制原始项	Shift+Command+Y	复制选定的试演片段，但不包括应用的效果
试演：替换并添加到试演	Shift+Y	创建试演并使用当前所选部分替换时间线片段
切割	Command+B	剪切浏览条或播放头位置处的主要故事情节片段（或所选部分）
全部切割	Shift+Command+B	剪切浏览条或播放头位置的所有片段
将片段项分开	Shift+Command+G	将所选项拆分为其组件部分
更改时间长度	Control+D	更改所选部分的时间长度
连接到主要故事情节	Q	将所选内容连接到主要故事情节
连接到主要故事情节 + 反向时序	Shift+Q	将所选内容连接到主要故事情节，并将所选内容的结束点与浏览条或播放头对齐
拷贝	Command+C	拷贝所选部分
创建试演	Command+Y	从所选部分创建试演
创建故事情节	Command+G	从连接的片段中的所选内容创建故事情节
剪切	Command+X	剪切所选部分
删除	Delete	删除所选时间线，拒绝所选浏览器，或移除直通编辑
仅删除所选部分	Option+Command+Delete	删除所选部分并将连接片段连接到产生的空隙片段
取消选择全部	Shift+Command+A	取消选择所有选定项目

命　令	快捷键	操　作
复制	Command+D	复制浏览器选择
启用/停用片段	V	对所选部分启用或停用回放
展开音频/视频	Control+S	单独查看选定片段的音频和视频
展开/折叠音频组件	Control+Option+S	在时间线中展开或折叠所选部分的音频组件
延长编辑	Shift+X	将选定的编辑点延长到浏览条或播放头位置
向下扩展所选部分	Shift+下箭头键	在浏览器中，将下一个项目添加到所选内容
向上扩展所选部分	Shift+上箭头键	在浏览器中，将上一个项目添加到所选内容
最终确定试演	Option+Shift+Y	叠化试演并将其替换为试演挑选项
插入	W	在浏览条或播放头位置插入所选内容
插入/连接静帧	Option+F	在时间线的播放头或浏览条位置插入一个静帧，或将一个静帧从事件中的浏览条或播放头位置连接到时间线中的播放头位置
插入空隙	Option+W	在浏览条或播放头位置插入空隙片段
插入占位符	Option+Command+W	在浏览条或播放头位置插入占位符片段
从故事情节中提取	Option+Command+上箭头键	从故事情节举出选择并将其连接到产生的空隙片段
将音量调低 1 dB	Control+连字符键（+）	将音量调低 1 dB
移动播放头位置	Control+P	通过输入时间码值移动播放头
新建复合片段	Option+G	创建新的复合片段（如果无选择，创建空复合片段）
向左挪动音频子帧	Option+逗号键（,）	将选定的音频编辑点向左移动 1 个子帧，从而创建拆分编辑
向左挪动音频子帧很多	Option+Shift+逗号键（,）	将选定的音频编辑点向左移动 10 个子帧，从而创建拆分编辑
向右挪动音频子帧	Option+句点键（.）	将选定的音频编辑点向右移动 1 个子帧，从而创建拆分编辑
向右挪动音频子帧很多	Option+Shift+句号键（.）	将选定的音频编辑点向右移动 10 个子帧，从而创建拆分编辑
向下挪动	Option+下箭头键	在动画编辑器中向下挪动选定关键帧的值
向左挪动	逗号键（,）	将所选部分向左挪动 1 个单位
向左挪动很多	Shift+逗号键（,）	将所选部分向左挪动 10 个单位
向右挪动	句点键（.）	将所选部分向右挪动 1 个单位
向右挪动很多	Shift+句点键（.）	将所选部分向右挪动 10 个单位
向上挪动	Option+上箭头键	在动画编辑器中向上挪动选定关键帧的值
打开试演	Y	打开选定的试演
覆盖连接	重音符（`）	临时覆盖所选部分的片段连接
覆盖	D	在浏览条或播放头位置覆盖
覆盖 + 反向时序	Shift+D	从浏览条或播放头位置反向覆盖
覆盖到主要故事情节	Option+Command+下箭头键	在主要故事情节的浏览条或播放头位置覆盖
粘贴为连接	Option+V	粘贴选择并将其连接到主要故事情节
在播放头粘贴插入	Command+V	在浏览条或播放头位置插入剪贴板内容
上一个角度	Control+Shift+左箭头键	切换到多机位片段中的上一个角度

命　令	快捷键	操　作
上一个音频角度	Option+Shift+左箭头键	切换到多机位片段中的上一个音频角度
上一个挑选项	Control+左箭头键	选择"试演"窗口中的上一个片段，使其成为试演挑选项
上一个视频角度	Shift+Command+左箭头键	切换到多机位片段中的上一个视频角度
将音量调高 1 dB	Control+等号键（=）	将音量调高 1 dB
替换	Shift+R	使用浏览器中的所选部分来替换时间线中的所选片段
从开始处替换	Option+R	将时间线中的所选片段替换为浏览器选择，其中从其开始点开始
替换为空隙	Shift+Delete	将选定的时间线片段替换为空隙片段
全选	Command+A	选择所有片段
选择片段	C	选择时间线中指针下方的片段
选择左音频边缘	Shift+左方括号（[）	对于展开视图中的音频/视频片段，选择音频编辑点的左边缘
选择左边缘	左方括号（[）	选择编辑点的左边缘
选择左音频编辑边缘和右音频编辑边缘	Shift+反斜杠键（\）	对于展开视图中的音频/视频片段，选择音频编辑点的左边缘和右边缘
选择左编辑边缘和右编辑边缘	反斜杠键（\）	选择编辑点的左边缘和右边缘
选择下一个角度	Control+Shift+右箭头键	切换到多机位片段中的下一个角度
选择下一个音频角度	Option+Shift+右箭头键	切换到多机位片段中的下一个音频角度
选择下一个挑选项	Control+右箭头键	选择"试演"窗口中的下一个片段，使其成为试演挑选项
选择下一个视频角度	Shift+Command+右箭头键	切换到多机位片段中的下一个视频角度
选择右音频边缘	Shift+右方括号（]）	对于展开视图中的音频/视频片段，选择音频编辑点的右边缘
选择右边缘	右方括号（]）	选择编辑点的右边缘
设定附加所选部分结尾	Shift+Command+O	在播放头或浏览条位置设定附加范围选择结束点
设定附加所选部分开头	Shift+Command+I	在播放头或浏览条位置设定附加范围选择起始点
显示/隐藏精确度编辑器	Control+E	选择编辑点时，显示或隐藏精确度编辑器
吸附	N	打开或关闭吸附
单独播放	Option+S	单独播放时间线中选择的项
源媒体：音频和视频	Shift+1	打开音频/视频模式以将选择的视频和音频部分添加到时间线
源媒体：仅音频	Shift+3	打开仅音频模式以将选择的音频部分添加到时间线
源媒体：仅视频	Shift+2	打开仅视频模式以将选择的视频部分添加到时间线
切换故事情节模式	G	打开或关闭在时间线中拖移片段时构建故事情节的功能
修剪结尾处	Option+右方括号（]）	将选定或最顶部的片段的结尾处修剪到浏览条或播放头位置
修剪开始处	Option+左方括号（[）	将片段开始点修剪到浏览条或播放头位置
修剪到所选部分	Option+反斜杠键（\）	将片段开始点和结束点修剪到范围选择

（3）效果

命　令	快捷键	操　作
添加基本下三分之一	Control+Shift+T	将基本下三分之一字幕连接到主要故事情节

命 令	快捷键	操 作
添加基本字幕	Control+T	将基本字幕连接到主要故事情节
添加默认转场	Command+T	将默认转场添加到所选部分
颜色板：还原当前板控制	Option+Delete	还原当前"颜色板"面板中的控制
颜色板：切换到"颜色"面板	Control+Command+C	切换到颜色板中的"颜色"面板
颜色板：切换到"曝光"面板	Control+Command+E	切换到颜色板中的"曝光"面板
颜色板：切换到"饱和度"面板	Control+Command+S	切换到颜色板中的"饱和度"面板
拷贝效果	Option+Command+C	拷贝选定的效果及其设置
拷贝关键帧	Option+Shift+C	拷贝所选关键帧及其设置
剪切关键帧	Option+Shift+X	剪切所选关键帧及其设置
启用/停用平衡颜色	Option+Command+B	打开或关闭平衡颜色校正
匹配音频	Shift+Command+M	在片段之间匹配声音
匹配颜色	Option+Command+M	在片段之间匹配颜色
下一个文本	Option+Tab	导航到下一个文本项
粘贴属性	Shift+Command+V	将所选属性及其设置粘贴到所选部分
粘贴效果	Option+Command+V	将效果及其设置粘贴到所选部分
粘贴关键帧	Option+Shift+V	将关键帧及其设置粘贴到所选部分
上一个文本	Option+Shift+Tab	导航到上一个文本项
重新定时编辑器	Command+R	显示或隐藏重新定时编辑器
重新定时：创建正常速度分段	Shift+N	将选择设定为以正常（100%）速度播放
重新定时：保持	Shift+H	创建 2 秒保留分段
重新定时：还原	Option+Command+R	将选择还原为以正常（100%）速度向前播放
单独播放动画	Control+Shift+V	在视频动画编辑器中一次仅显示一个效果

（4）常规

命 令	快捷键	操 作
删除	Delete	删除所选时间线，拒绝所选浏览器，或移除直通编辑
查找	Command+F	显示或隐藏"过滤器"窗口（浏览器中）或时间线索引（时间线中）
前往事件检视器	Option+Command+3	激活事件检视器
导入媒体	Command+I	从设备、摄像机或归档导入媒体
资源库属性	Control+Command+J	打开当前资源库的"资源库属性"检查器
移到废纸篓	Command+Delete	将选择移到 Finder 废纸篓
新项目	Command+N	创建新项目
项目属性	Command+J	打开当前项目的"属性"检查器
渲染全部	Control+Shift+R	启动当前项目的所有渲染任务
渲染所选部分	Control+R	开始选择的渲染任务
在 Finder 中显示	Shift+Command+R	在 Finder 中显示所选事件片段的源媒体文件

（5）标记

命　令	快捷键	操　作
添加标记	M	在浏览条或播放头位置添加标记
所有片段	Control+C	更改浏览器过滤器设置来显示所有片段
添加标记并修改	Option+M	添加标记并编辑标记文本
清除所选范围	Option+X	清除范围选择
清除范围结尾	Option+O	清除范围的结束点
清除范围开头	Option+I	清除范围的开始点
删除标记	Control+M	删除选定的标记
删除选择中的标记	Control+Shift+M	删除选择中的所有标记
取消选择全部	Shift+Command+A	取消选择所有选定项目
个人收藏	F	将浏览器选择评分为个人收藏
个人收藏	Control+F	更改浏览器过滤器设置来显示个人收藏
隐藏被拒绝的项目	Control+H	更改浏览器过滤器设置来隐藏被拒绝的片段
新关键词精选	Shift+Command+K	创建新的关键词精选
新智能精选	Option+Command+N	创建新的智能精选
范围选择工具	R	将"范围选择"工具设为活跃
拒绝	Delete	将浏览器中的当前所选部分标记为被拒绝的 【注】如果时间线而非浏览器处于活跃状态，则 Delete 键将移除所选项目
已拒绝的	Control+Delete	更改浏览器过滤器设置来显示被拒绝的片段
从选择中移除所有关键词	Control+0	从浏览器选择中移除所有关键词
角色：应用对话角色	Control+Option+D	将对话角色应用到所选片段
角色：应用效果角色	Control+Option+E	将"效果"角色应用于选定的片段
角色：应用音乐角色	Control+Option+M	将"音乐"角色应用于选定的片段
角色：应用字幕角色	Control+Option+T	将"字幕"角色应用于选定的片段
角色：应用视频角色	Control+Option+V	将"视频"角色应用于选定的片段
全选	Command+A	选择所有片段
选择片段范围	X	将范围选择设定为与浏览条或播放头下方的片段边界匹配。
设定附加范围结尾	Shift+Command+O	在播放头或浏览条位置设定附加范围选择结束点
设定附加范围开头	Shift+Command+I	在播放头或浏览条位置设定附加范围选择起始点
设定范围结尾	O	设定范围的结束点
设定范围结尾	Control+O	编辑文本栏时设定范围的结束点
设定范围开头	I	设定范围的开始点
设定范围开头	Control+I	编辑文本栏时设定范围的开始点
取消评分	U	从选择中移除评分

（6）整理

命　令	快捷键	操　作
新事件	Option+N	创建新事件
新建文件夹	Shift+Command+N	创建新文件夹
在浏览器中显示	Shift+F	在浏览器中显示选定的片段
在浏览器中显示项目	Option+Shift+Command+F	在浏览器中显示打开的项目
同步片段	Option+Command+G	同步所选事件片段

（7）回放/导航

命　令	快捷键	操　作
音频浏览	Shift+S	打开或关闭音频浏览
试演：预览	Control+Command+Y	在时间线的上下文中播放挑选项
片段浏览	Option+Command+S	打开或关闭片段浏览
仅剪切/切换多机位音频	Option+Shift+3	打开仅音频模式以进行多机位剪切和切换
剪切/切换多机位音频和视频	Option+Shift+1	打开音频/视频模式以进行多机位剪切和切换
仅剪切/切换多机位视频	Option+Shift+2	打开仅视频模式以进行多机位剪切和切换
向下	下箭头键	转至下一项（浏览器中）或下一个编辑点（时间线中）
向下	Control+下箭头键	编辑文本栏时，转至下一项（浏览器中）或下一个编辑点（时间线中）
后退 10 帧	Shift+左箭头键	将播放头向后移动 10 帧
前进 10 帧	Shift+右箭头键	将播放头向前移动 10 帧
跳到开头	个人按钮	将播放头移到时间线的开始处或浏览器中的第一个片段
跳到结尾	"结束"按钮	将播放头移到时间线的结尾处或浏览器中的最后一个片段
跳到下一个倾斜角度组	Option+Shift+撇号键（'）	在当前的多机位片段中显示角度的下一个倾斜角度组
跳到范围结尾	Shift+O	将播放头移到范围选择的结束处。
跳到范围开头	Shift+I	将播放头移到范围选择的开始处。
循环回放	Command+L	打开或关闭循环回放
监视音频	Shift+A	打开或关闭要浏览的角度的音频监视
导航时间码输入	连字符键（+）	输入负时间码值将向后移动播放头、向后移动片段或修剪范围或片段，具体取决于选择
下一个片段	Control+Command+右箭头键	转至下一项（浏览器中）或下一个编辑点（时间线中）
下一个标记	Control+撇号键（'）	将播放头移到下一个标记
播放当前位置前后片段	Shift+问号键（?）	在播放头位置周围播放
向前播放	L	向前播放（按 L 键多次可增加回放速度）
从播放头播放	Option+空格键	从播放头位置播放
全屏幕播放	Shift+Command+F	从浏览条或播放头位置全屏幕播放
倒退播放	J	倒退播放（按 J 键多次可增加倒退回放速度）
倒退播放	Control+J	编辑文本栏时倒退播放（按 J 键多次可增加倒退回放速度）

命 令	快捷键	操 作
倒退播放	Shift+空格键	倒退播放
播放所选部分	正斜杠键（/）	播放选择
播放到结尾	Control+Shift+O	从播放头播放到选择结尾
播放/暂停	空格键	开始或暂停回放
播放/暂停	Control+空格键	编辑文本栏时开始或暂停回放
正时间码输入	等号键（＝）	输入正时间码值将向前移动播放头、向前移动片段或修剪范围或片段，具体取决于选择
上一个片段	Control+Command+左箭头键	转至上一项（浏览器中）或上一个编辑点（时间线中）
上一个标记	Control+分号键（；）	将播放头移到上一个标记
设定监视角度	Shift+V	将要浏览的角度设定为监视角度
浏览	S	打开或关闭浏览
开始/停止画外音录制	Option+Shift+A	开始或停止使用"录制画外音"窗口来录制音频
停止	K	停止回放
停止	Control+K	编辑文本栏时停止回放
时间线历史记录后退	Command+左方括号（[）	在时间线历史记录中后退一层
时间线历史记录前进	Command+右方括号（]）	在时间线历史记录中前进一层
向上	上箭头键	转至上一项（浏览器中）或上一个编辑点（时间线中）
向上	Control+上箭头键	编辑文本栏时，转至上一项（浏览器中）或上一个编辑点（时间线中）

（8）共享和工具

命 令	快捷键	操 作
共享到默认目的位置	Command+E	使用默认目的位置共享选定的项目或片段
选择"箭头"工具	A	将"选择"工具设为活跃
切割工具	B	将"切割"工具设为活跃
裁剪工具	Shift+C	激活裁剪工具并显示所选片段或播放头下方最顶部片段的屏幕控制
变形工具	Option+D	激活变形工具并显示所选片段或播放头下方最顶部片段的屏幕控制
手工具	H	将"手"工具设为活跃
位置工具	P	将"位置"工具设为活跃
变换工具	Shift+T	激活变换工具并显示所选片段或播放头下方最顶部片段的屏幕控制
修剪工具	T	将"修剪"工具设为活跃
缩放工具	Z	将"缩放"工具设为活跃

（9）显示

命 令	快捷键	操 作
片段外观：仅片段标签	Control+Option+6	根据片段名称设置，显示仅带有片段名称、角色名称或活跃角度名称的时间线片段
片段外观：缩小波形大小	Control+Option+下箭头键	缩小时间线片段的音频波形大小
片段外观：仅连续画面	Control+Option+5	显示仅带有大型连续画面的时间线片段
片段外观：增大波形大小	Control+Option+上箭头键	增大时间线片段的音频波形大小
片段外观：大型连续画面	Control+Option+4	显示带有小型音频波形和大型连续画面的时间线片段
片段外观：大型波形	Control+Option+2	显示带有大型音频波形和小型连续画面的时间线片段
片段外观：波形和连续画面	Control+Option+3	显示带有等大的音频波形和视频连续画面的时间线片段
片段外观：仅波形	Control+Option+1	显示仅带有大型音频波形的时间线片段
减少片段高度	Shift+Command+连字符键（-）	减少浏览器片段高度
增加片段高度	Shift+Command+等号键（=）	增加浏览器片段高度
显示较少的连续画面帧	Shift+Command+逗号键（,）	在浏览器片段中显示较少的连续画面帧
显示/隐藏音频动画	Control+A	显示或隐藏选定片段的音频动画编辑器
显示/隐藏浏览条信息	Control+Y	在浏览器中浏览时显示或隐藏片段信息
显示/隐藏视频动画	Control+V	显示或隐藏选定时间线片段的视频动画编辑器
显示较多的连续画面帧	Shift+Command+句号键（.）	在浏览器片段中显示较多的连续画面帧
每个连续画面显示一帧	Option+Shift+Command+逗号键（,）	每个连续画面显示一帧
查看片段名称	Option+Shift+N	在浏览器中显示或隐藏片段名称
将浏览器视为连续画面	Option+Command+1	将浏览器切换到连续画面视图
将浏览器视为列表	Option+Command+2	将浏览器切换到列表视图
放大	Command+等号键（=）	放大时间线、浏览器或检视器
缩小	Command+连字符键（-）	缩小时间线、浏览器或检视器
缩放至窗口大小	Shift+Z	将内容缩放为适合浏览器、检视器或时间线的大小
缩放到样本	Control+Z	打开或关闭放大音频样本

（10）窗口

命 令	快捷键	操 作
后台任务	Command+9	显示或隐藏"后台任务"窗口
前往"音频增强"	Command+8	将"音频增强"检查器设为活跃
前往颜色板	Command+6	将颜色板设为活跃
转至浏览器	Command+1	将浏览器设为活跃
转至检查器	Option+Command+4	将当前检查器设为活跃
转至时间线	Command+2	将时间线设为活跃
转至检视器	Command+3	将检视器设为活跃

命 令	快捷键	操 作
下一个标签	Control+Tab	转至检查器或颜色板中的下一个面板
上一个标签	Control+Shift+Tab	转至检查器或颜色板中的上一个面板
录制画外音	Option+Command+8	显示或隐藏"录制画外音"窗口
显示直方图	Control+Command+H	在检视器中显示直方图
显示矢量显示器	Control+Command+V	在检视器中显示矢量显示器
显示视频波形	Control+Command+W	在检视器中显示波形监视器
显示/隐藏角度	Shift+Command+7	显示或隐藏角度检视器
显示/隐藏音频指示器	Shift+Command+8	显示或隐藏音频指示器
显示/隐藏浏览器	Control+Command+1	显示或隐藏浏览器
显示/隐藏效果浏览器	Command+5	显示或隐藏效果浏览器
显示/隐藏资源库列表	Shift+Command+1	显示或隐藏资源库列表
显示/隐藏事件检视器	Control+Command+3	显示或隐藏事件检视器
显示/隐藏检查器	Command+4	显示或隐藏"检查器"面板
显示/隐藏关键词编辑器	Command+K	显示或隐藏关键词编辑器
显示/隐藏时间线索引	Shift+Command+2	显示或隐藏打开项目的时间线索引
显示/隐藏视频观测仪	Command+7	在检视器中显示或隐藏视频观测仪

附录

附录B

不同数码设备的素材导入

随着硬件技术的日新月异，各种各样的数码设备层出不穷，不同设备因其生产厂家的不同，所以其储存设备、视频封装格式、文件结构等等差距很大。

下面介绍一下现下比较热门的3种机型Canon 5D、Panasonic GH4、SONY F55的文件结构及其素材导入。

STEP 01 首先，来介绍一下三种设备所采取的储存介质、视频封装格式、编码格式以及文件结构，如图B-1所示。

Canon 5D →CF卡 →MOV →H.264

Panasonic GH4 →SD卡 →MOV →H.264

SONY F55 →S×S PRO卡 →MXF →XAVC

图B-1

STEP 02 在软件中，单击"文件"→"导入"→"媒体…"；或按快捷键【Command+I】。当电脑已经连接了5D或GH4的储存，可以在导入窗口中看到有设备的显示，如图B-2所示。

（5D）　　　　（GH4）

图B-2

STEP 03 当在FCPX的导入对话框中，打开相关设备的记录文件时，视频文件与外部文件的结构有所不同，软件会自动屏蔽一些与视频文件无关的文件结构，以方便使用者进行文件导入，如图B-3所示。

图B-3

STEP 04 在导入窗口中，可以预览素材，然后直接舍弃不需要的视频片段，或者选择一段视频文件的部分。现在选择任意视频文件，然后按快捷键【I、O】，在视频片段中选择你需要的部分建立选区，如图B-4所示。

图B-4

单击导入窗口右下角的"导入所选项…"的按钮。

STEP 05 在弹出的窗口中，将转码栏中的"创建优化的媒体""创建代理媒体"上的默认勾号取消，因为FCPX内嵌H.264、XAVC的编码格式，可以比较流畅地处理这些编码；选择你需要的事件位置，将文件复制进资源库或保留到原位，如图B-5所示。

图B-5

提示： ❶ 不同版本的FCPX，会出现在外置硬盘为"NTFS""EXFAT"或其他格式的时候，文件栏中的"让文件保留在原位"选项是处在灰色无法选中的状态。

这种情况也会出现在所录制视频编码不包含在FCPX内嵌视频解码中，需要系统外装第三方视频解码插件。随着FCPX不断的升级，其内嵌视频解码也越来越丰富起来。

❷ 在一些已经编辑过的重新输出的视频片段或其他格式的原始素材中，有可能还会出现无法建立选区的状况。

STEP 06 再次回到导入窗口，发现原始素材的选择区域下，会增添一道白色横线，这说明只导入了原始视频素材的部分，如图B-6所示。

图B-6